中国儿童 太空 百科全书

CHINESE CHILDREN'S ENCYCLOPEDIA OF SPACE

太阳系掠影

VIEWS OF THE
SOLAR SYSTEM

中国大百科全书出版社

图书在版编目（CIP）数据

太阳系掠影 /《中国儿童太空百科全书》编委会编
著 . -- 北京 ：中国大百科全书出版社，2020.8
（中国儿童太空百科全书）
ISBN 978-7-5202-0769-0

Ⅰ．①太…　Ⅱ．①中…　Ⅲ．①太阳系－儿童读物
Ⅳ．①P18-49

中国版本图书馆CIP数据核字（2020）第097179号

中国儿童太空百科全书
太阳系掠影

中国大百科全书出版社出版发行

（北京阜成门北大街 17 号　电话 68363547 邮政编码 100037）

http://www.ecph.com.cn

小森印刷（北京）有限公司印制

新华书店经销

开本：635毫米×965毫米　1/8　印张：12

2020年8月第1版　　2020年8月第1次印刷

ISBN 978-7-5202-0769-0

定价：75.00元

致小读者

每当夜幕笼罩着大地

星星就闯进了你我的视线

似乎近在眼前

却又远在天边

不知那捣药的玉兔是否依然在忙碌

不知那外星的生命是否徘徊在空间

那看似空空荡荡的天宇

充满了诱人的谜团

从余音袅袅的宇宙大爆炸

到不期而遇的小行星撞击地面

从远古的飞天幻想

到现代的登月梦圆

那看似风平浪静的苍穹

一直有神话故事在上演

浩渺太空

施展着神秘的自然法力

伟大人类

抒写着壮美的探索诗篇

今天翻开这部"天书"

踏进那触手可及的深邃世界

明天的你也许将飞往外星

与那里的居民进行一场友好谈判

欧阳自远

《太阳系掠影》导读

郑永春
中国科学院国家天文台研究员

地球是无垠宇宙中美丽而又独特的"孤岛"。我们生活在太阳系中是何其幸运，地球既有月球的围绕呵护，还有太阳的光芒照耀。小时候在故乡仰望星空，我想象人类能够在太空中旅行，你是否和我一样幻想过火星人的存在呢？你现在读的这本书分为"太阳系掠影"和"太阳、地球和月球"两部分，包含了太阳系各类天体以及我们特别亲近的太阳、地球和月球的知识，带你了解太阳系的各类天体，以及它们对地球命运和人类未来的影响，陪伴你成长。打开这本奇妙的"天书"，跟我一起探索宇宙中蕴藏的未知与神秘吧！

● **知识主题**

　　每个展开页的标题都是一个知识主题，围绕太阳系中的各类天体展开介绍，带你探索太阳活动的奥秘，了解地球上的自然环境与太阳系之间的密切联系。

● **知识点**

　　每个知识主题下都有 1～6 个知识点，详细讲解相关的天体构造、自然现象和人类探测发现等知识。在这里，你还可以认识地球上的火山、地震、四季、生命、日食和月食的成因，看看太阳系与人类生活的环境之间有着怎样的联系。

VIEWS OF THE SOLAR SYSTEM

木星

　　木星是一颗很亮的行星，太阳行星中只有金星的亮度能超过它。中国古代用木星来纪年，所以称它为"岁星"，西汉之后始称"木星"。"Jupiter"是古罗马神话中的主神朱庇特。夜晚时，我们用小型双筒望远镜就可看到木星及其身旁的四大卫星，即使是在大都市中也可以在夜空中找到它的位置。

1979 年，"旅行者 1 号"探测器飞临木星，近距离考察木星、伽利略卫星和木卫五，首先发现木星环系，并送回大量有关星际等离子体、木星射电等信息。

木星的公转和自转

　　木星的体积是地球的 1318 倍，质量相当于地球的 318 倍，在八大行星中体积和质量最大，质量超过太阳系中除太阳以外其他天体质量的总和。木星自转很快，自转 1 周仅需 9 小时 50 分钟，而它绕太阳 1 周却要 11 年 10 个月。木星的卫星数量也居八大行星首位，有"小太阳系"之称。

液态氢
氦氖雨
金属氢
木星环带
岩冰核

木星内部结构示意图

气液态星球

　　木星大气厚达 1000 千米，但和其巨大的体积相比，仍只能算是薄层，大气的主要成分是氢以及少量的氦和甲烷。木星在接受太阳热量的同时，自己本身也能释放热量，甚至比从太阳那里得来的热量还要多。

● 相关链接

在这个版块里，你可以看到这一页的内容与其他分册的联系，形成对太空世界的系统认知。

   对应着《浩瀚的宇宙》《太阳系掠影》《飞向太空》《中国航天》四个分册，按照数字页码可找到对应的知识主题。将四册书结合起来阅读，你就会发现古人对星空和宇宙的想象仍在影响着现代科学家，持续进行的太阳系探测活动也在不断推动着人类对自身和宇宙的认知。

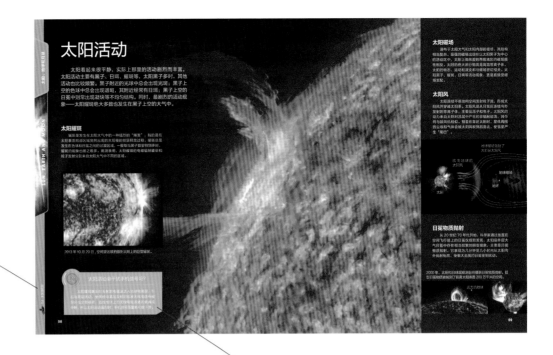

太阳活动

太阳看起来很平静，实际上那里的活动剧烈而丰富。太阳活动主要有黑子、日珥、耀斑等，其他活动也比较频繁。黑子附近的光球中总会出现谱斑，黑子上空的日冕中则常出现激烈等不均匀结构。同时，最剧烈的活动现象——太阳耀斑现象大多数也发生在黑子上空的大气中。

太阳耀斑

太阳磁场

太阳风

日冕物质抛射

2013年10月29日，空间望远镜拍摄到太阳上的巨型耀斑。

太阳活动会干扰手机信号吗？

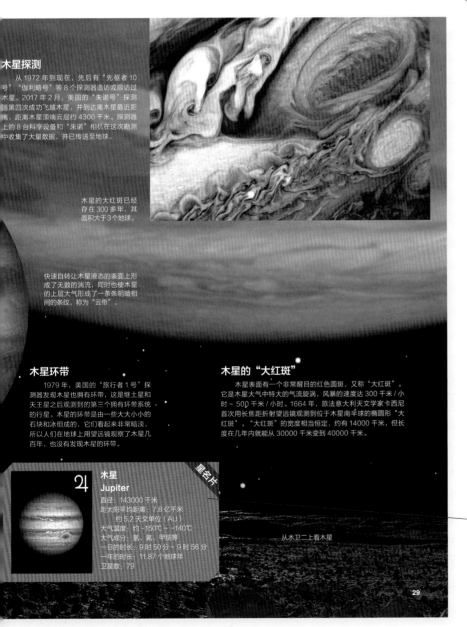

木星探测

从1972年到现在，先后有"先驱者10号""伽利略号"等8个探测器造访或顺访过木星。2017年2月，美国的"朱诺号"探测器第四次成功飞越木星，并到达离木星最近距离，距离木星顶端云层约4300千米。探测器上的8台科学设备和"朱诺"相机在这次勘测中收集了大量数据，并已传送至地球。

木星的大红斑已经存在300多年，其面积大于3个地球。

快速自转让木星液态的表面上形成了无数的湍流，同时也使木星的上层大气形成了一条条明暗相间的条纹，称为"云带"。

木星环带

1979年，美国的"旅行者1号"探测器发现木星也拥有环带，这是继土星和天王星之后观测到的第三个拥有环带系统的行星。木星的环带是由一些大大小小的石块和冰组成的，它们看起来非常暗淡，所以人们在地球上用望远镜观察了木星几百年，也没有发现木星的环带。

木星的"大红斑"

木星表面有一个非常醒目的红色圆斑，又称"大红斑"。它是木星大气中特大的气流旋涡，风暴的速度达300千米/小时～500千米/小时。1664年，旅法意大利天文学家卡西尼首次用长焦折射望远镜观测到位于木星南半球的椭圆形"大红斑"。"大红斑"的宽度相当恒定，约为14000千米，但长度在几年内就能从30000千米变到40000千米。

从木卫二上看木星

木星 Jupiter 星名片
直径：143000千米
距太阳平均距离：7.8亿千米
约5.2天文单位（AU）
大气温度：约-150℃～-140℃
大气成分：氢、氦、甲烷等
一日的时长：9时50分～9时56分
一年的时长：11.87个地球年
卫星数：79

● 奇思怪问

像你一样热爱天文、航天的孩子们提出了他们最感兴趣的问题，天文专家们在这里给出了答案，你可以看到他们如何用专业的知识破解"脑洞大开"的难题。跟随书中的内容大胆思考，也许你的下一个提问能帮助人类成功开发太阳系资源呢。

● 图片

每个展开页会有多幅图片。你可以看到来自美国国家航空航天局、欧洲航天局等权威机构的最新太空摄影图片，跟着探测器一起"近距离"地观察太阳系中的各类天体，欣赏土星和天王星绚丽的环带，以及冥王星表面上可爱的"心形"平原。书中还有专业绘制的示意图、结构图和图表，助你理解天体构造和运动方式。

● 星名片

太阳系中的太阳、八大行星、冥王星和月球向你"递来"了他们的名片，向你介绍它们的直径、温度、大气成分等信息。为了获得这些信息，科学家们做出了许多的努力。选择一个你最感兴趣的天体，也许将来你可以登陆到上面，建立太空基地。

书中玩游戏

书中有6个好玩的"AR增强现实"。用平板电脑或智能手机，扫描下方二维码或在苹果应用商店（APP Store）搜索"飞向太空"，点击下载 APP，选择其中的"列表模式"，你会即刻进入互动环节，置身浩瀚的宇宙。触摸、拖拽画面中的航天员等形象，还可以对它们进行旋转、缩放等操作，随你怎样玩！

飞向太空 APP 下载

安卓版下载地址

苹果版下载地址

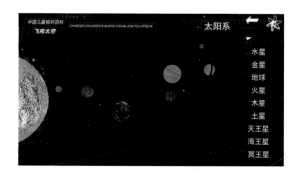

CONTENTS
目录

太阳系掠影

VIEWS OF THE SOLAR SYSTEM

俄罗斯"航天之父"齐奥尔科夫斯基曾说："地球是人类的摇篮，但人类不会永远生活在摇篮里。他们不断地向外探寻着生存的空间，起初是小心翼翼地穿出大气层，然后就是征服整个太阳系。"

太阳系

冥王星

　　太阳和在太阳引力作用下环绕太阳运行的天体，共同组成一个大家庭——太阳系。太阳系位于银河系的宜居带，距银河系中心约 2.5 万光年。太阳系的年龄大约为 50 亿年，半径达 15 万亿千米 ~ 30 万亿千米。太阳是太阳系的主宰，质量占太阳系总质量的 99.86%。除太阳外，太阳系的主要成员有八大行星及其卫星、矮行星、小行星、彗星、柯伊伯带天体，以及行星际物质，还包括笼罩于最外围的奥尔特云。太阳系的各层次天体构成了一个统一、协调与和谐的运行体系。

行星的发现

　　在远古时期，水星、金星、火星、木星和土星这 5 颗行星就已经被发现，当时人们认为地球是宇宙的中心。到了 16 世纪，天文学家哥白尼提出地球是绕太阳运动的行星。从此，人们开始逐渐认识太阳系的真实面目，并陆续发现天王星、海王星、冥王星，有了太阳系九大行星之说。2006 年，国际天文学联合会为行星明确定义：必须是围绕恒星运转的天体；质量足够大，能依靠自身引力使天体呈圆球状；其轨道附近应该没有与之大小相当的物体，或在 30 亿年内可以自行"清理"轨道内的天体。根据这个定义，冥王星被归为矮行星。

1AU=149597870.7 千米

地球

小行星带

火星

土星

海王星

天文单位

　　天文单位（AU）是用来表示距离的单位。1 天文单位的距离相当于地球到太阳的平均距离，即 149597870.7 千米。太阳系半径为 10 万 ~ 20 万天文单位，也就是 15 万亿千米 ~ 30 万亿千米。天文学家利用三角视差法、分光视差法、星团视差法、统计视差法、造父视差法和力学视差法等，测定恒星与我们的距离。

水星	金星	地球	火星	木星	土星	天王星	海王星
90°	88°	66°	66°	87°	63°	8°	61°

行星自转轴与黄道面的倾角

天王星

行星的自转和公转

太阳系的行星均绕自转轴自转，金星以顺时针方向自转，其他行星均为逆时针方向自转。八大行星均沿逆时针方向环绕太阳公转，这是形形色色的行星最主要的共同之处。行星的自转轴都与绕太阳公转的轨道面成一定的角度。地球的角度约为 66°，天王星的角度最小，只有约 8°，好像是"躺"在公转轨道上自转的。

太阳

彗星

小行星带

天文单位（AU）

水星

金星

木星

八大行星能排列在一条直线上吗？

当太阳系中的行星运行到太阳的同一侧时，如果它们分布在一个扇形的区域内，在地球上用肉眼望去，行星就好像在一条直线上，人们称这种有趣的天文现象为"行星连珠"。"行星连珠"不是行星像糖葫芦串成一条线，而是它们分散排列在一个有限的范围内。最近的一次"行星连珠"发生在 2000 年 5 月 20 日。

太阳系的形成

科学家们认为，最初的时候，宇宙中有一个由气体和尘埃组成的大星云。后来，物质慢慢向中间聚集，中心变得越来越热，最后点燃了核聚变反应，形成太阳。剩下的小碎片聚集，形成行星，环绕在太阳周围；其他更小的碎片则形成小行星和彗星等。

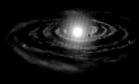

最初的太阳星云　　　气体和尘埃物质慢慢向中间靠拢　　　太阳系开始形成

VIEWS OF THE SOLAR SYSTEM

太阳系八大行星

　　太阳系的八大行星具有分布的共面性和公转的同向性，它们按各自的轨道围绕太阳运转。八大行星的质量和体积相差悬殊，内部结构也各不相同，质量约占太阳系总质量的 0.14%。其中，木星是太阳系行星的"大哥"，质量占太阳系总质量的 0.08%，其余太阳系天体，包括地球在内，分摊其余的 0.06%。按其内部结构，八大行星可分为类地行星和类木行星。

　　这幅图显示了八大行星的相对大小。八大行星中木星体积最大；直径约 143000 千米；水星体积最小，直径约 4875 千米。

木星

火星

地球

金星

水星

类地行星

　　内太阳系的四颗行星称为类地行星，又称岩质行星，包括水星、金星、地球和火星。类地行星体积小、质量小，具有岩石表面，含金属元素比较多，密度大，自转较慢，卫星较少。其中水星和金星没有卫星，地球有一个卫星，火星有两个卫星。

土星

天王星

海王星

类木行星

　　外太阳系的四颗行星称为类木行星，又称气态巨行星，包括木星、土星、天王星和海王星。类木行星体积和质量都很大，主要组成物质是氢和氦，平均密度小，自转较快，卫星较多，有环带结构。其中土星环最亮，最容易被观测到，在 17 世纪时已经被发现。

水星

　　水星是距离太阳最近的行星，也是八大行星中体积最小、公转最快、白昼温度最高的行星。它一般在太阳升起前的地平线上出没，所以，通常我们很难见到水星的"身影"，只有当它转到太阳和地球之间时，我们才能看到它。"Mercury"是古罗马神话中的"信使之神"。中国古代称其为辰星，西汉之后始称水星。

水星的外貌酷似月球，表面有许多大小不一的撞击坑，还有平原、峡谷、盆地等。

水星整体的铁含量极高。随着其中心的铁核逐渐冷却，这颗行星正在逐渐收缩。

水星表面布满了撞击坑，这表明从形成起它就被数以百万计的小行星不断地撞击过。

辐射纹

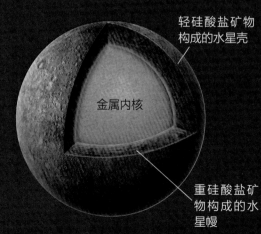

轻硅酸盐矿物构成的水星壳

金属内核

重硅酸盐矿物构成的水星幔

水星内部结构示意图

水星 Mercury

直径：4875 千米
距太阳平均距离：5800 万千米
　　　　　　　　0.3871 天文单位（AU）
表面温度：-180℃ ~ 430℃
大气成分：含有氦、氢、氧、碳、氩等元素
一日的时长：约 59 个地球日
一年的时长：约 88 个地球日
卫星数：0

水星探测

美国的"水手10号"探测器于1973年11月3日升空，1974年飞掠金星，随后三次与水星会合，对水星进行了近距离的探测，最大的成就是发现水星表面遍布撞击坑，与月球表面非常相似。之后，美国研制的"信使号"水星探测器于2004年8月3日发射，2011年开始环绕水星探测，在2015年完成了自己的使命，受控撞击水星，留下了一个直径约15米的撞击坑。

"信使号"探测器每12个小时就绕水星一周，期间用各种科学仪器研究这颗行星的地质历史，考察极区和磁场。

在水星漆黑的天空中，可以看到明亮的金星和地球。

八大行星的运行轨道是接近正圆的椭圆形，轨道的偏心率越大，轨道形状就越扁平。水星有着八大行星中最大的轨道偏心率，它的公转轨道面与黄道面的交角为7°，是八大行星中轨道夹角最大的。

水星的公转和自转

水星公转速度是47.6千米/秒，在八大行星中运动速度最快。水星公转周期是87.969个地球日，在八大行星中是最短的；自转周期是58.646个地球日。水星的自转周期和公转周期恰好是2：3，即自转3周才是1昼夜，历时约176个地球日，同时公转2周。因此，可以说水星上从日出到下个日出的1个水星日等于2个水星年。

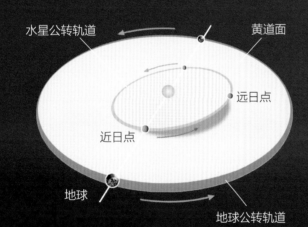

2012年，"信使号"探测器传来的照片中，发现北极地区一个撞击坑附近有冰的存在，这是首次发现水星上有水冰。

这些区域被认为有水冰存在

水星表面

水星表面布满了许多大大小小的坑洞和撞击坑。有些撞击坑以天文学家和艺术家的名字命名，如中国唐代诗人李白、白居易，宋代词人李清照，元代戏曲家关汉卿，现代作家鲁迅等。水星上基本没有大气，也没有液态水。表面平均温度约100℃，在太阳暴晒的地方最高温度能达到约430℃，而背着太阳的那面则在 -180℃以下。在这样的条件下，任何生命都无法生存。

金星

金星是距离地球最近的行星。从地球上看，金星是天空中最明亮的一颗星。中国古代以"启明"和"长庚"，分别称黎明前东方的晨星和黄昏后西方的昏星，实际上指的都是金星。西汉之后始称"金星"，民间俗称"太白"。"Venus"是古罗马神话中的"爱情之神"，西方人认为金星是爱与美的象征，所以用维纳斯之名来称呼它。

"水手号"金星探测器

金星的公转和自转

金星自转一周需要 243 个地球日，而围绕太阳公转一周则要 224.7 个地球日，所以它的一天比它的一年还要长。在一个金星年中只能见到两次太阳升起，而且是西升东落。金星的自转方向是自东向西，与其他行星相反，因此称为逆行。

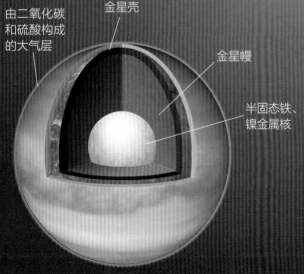

由二氧化碳和硫酸构成的大气层

金星壳

金星幔

半固态铁、镍金属核

金星内部结构示意图

1970 年 8 月 17 日，苏联发射了"金星 7 号"探测器，12 月 15 日探测器进入金星大气层，实现了世界上第一次在金星上的软着陆。此后，"金星"系列探测器多次对金星进行探测，发回了金星地质、大气等许多信息。1983 年 10 月，"金星 15 号"和"金星 16 号"向地球发回金星的电视图像。

"金星 7 号"探测器

金星探测

每隔 19 个地球月，金星即处在太阳和地球之间的"下合"方位，此时距离地球最近，为探测器的最佳发射期。对金星的探测始于 1962 年，其后陆续有美国的"水手号"、苏联的"金星号"、欧盟的"金星快车号"、日本的"拂晓号"等探测器对金星进行探测。金星是飞行器造访次数最多的行星之一。

金星表面被火山岩覆盖

太阳　　　水星

由于离太阳比较近，所以在金星上看太阳，太阳的大小比地球上看到的大 1.5 倍左右。

金星表面的温度非常高，任何生物都不能在这里生存。

金星表面

金星被一个非常厚的、令人窒息的大气层包裹着，金星表面的大气压达 95 个大气压，为地球表面大气压力的 95 倍。人如果到了金星上，在这么大的压力下早就粉身碎骨了。金星表面的温度非常高，任何生物都不能在这里生存。金星上有 1600 多座火山，至少有 85% 的金星表面被火山岩覆盖。

星名片

金星
Venus
♀

直径：12100 千米
距太阳平均距离：1.08 亿千米
　　　　　0.7233 天文单位（AU）
表面温度：465℃ ~ 485℃
大气成分：主要为二氧化碳
一日的时长：243 个地球日
一年的时长：224.7 个地球日
卫星数：0

行星凌日

　　"凌"是中国古代的天文术语，太阳系内行星的圆面投影在太阳表面的现象称为"凌"，如水星凌日、金星凌日。行星的卫星投影在母行星表面的现象也称为"凌"，如木卫三凌木星、土卫二凌土星、天卫一凌天王星等。凌日是一种天文现象，据文献记载，第一次观测到水星凌日的是 1631 年的法国天文学家伽森狄。公元 910 年，阿拉伯科学家法拉比首次借助滤光片发现金星凌日现象。第一位根据行星运动规律阐明并预报金星凌日的是德国天文学家开普勒。

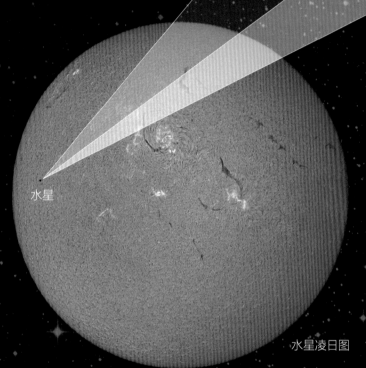

水星凌日

　　当水星运行到地球和太阳之间，如果三者能够连成直线，便会发生水星凌日天象。此时，用装着滤光镜的望远镜观测，你会发现一个黑色的小圆点横向穿过太阳表面，黑色小圆点就是水星。水星凌日只发生在 5 月和 11 月，平均每百年发生 13 次。

水星

2016 年 5 月 9 日，太阳动力学观测台对太阳进行观测，记录了长达 7.5 个小时的水星凌日全过程。

水星凌日图

在水星凌日时，通过望远镜可以看到，呈小黑点状的水星在太阳圆面前自东向西慢慢通过。

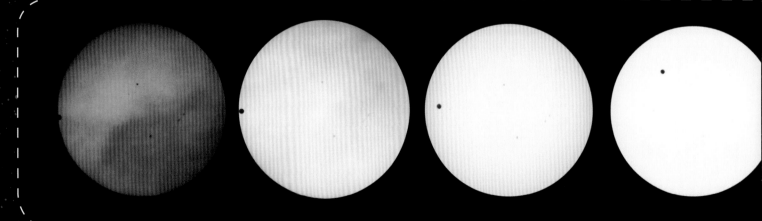

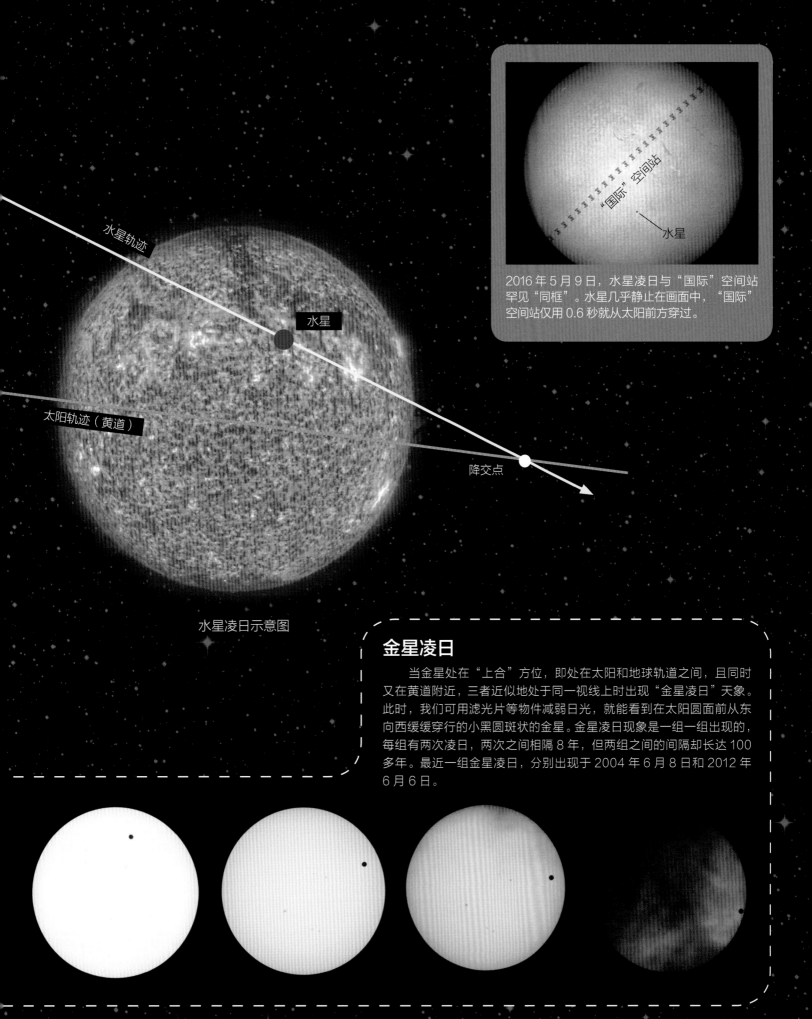

水星轨迹

水星

太阳轨迹（黄道）

降交点

水星凌日示意图

2016 年 5 月 9 日，水星凌日与"国际"空间站罕见"同框"。水星几乎静止在画面中，"国际"空间站仅用 0.6 秒就从太阳前方穿过。

"国际"空间站

水星

金星凌日

当金星处在"上合"方位，即处在太阳和地球轨道之间，且同时又在黄道附近，三者近似地处于同一视线上时出现"金星凌日"天象。此时，我们可用滤光片等物件减弱日光，就能看到在太阳圆面前从东向西缓缓穿行的小黑圆斑状的金星。金星凌日现象是一组一组出现的，每组有两次凌日，两次之间相隔 8 年，但两组之间的间隔却长达 100 多年。最近一组金星凌日，分别出现于 2004 年 6 月 8 日和 2012 年 6 月 6 日。

地球

　　地球和金星、火星比邻，是太阳系八大行星中距离太阳第三远的行星，也是太阳系中已知唯一有生命存在的行星。月球是地球唯一的天然卫星；它像一个忠诚的卫士，不停地围绕地球转动。人类在地球上已经生活了大约 300 万年。从远古时起，人们就开始探索自己生存的这块土地。

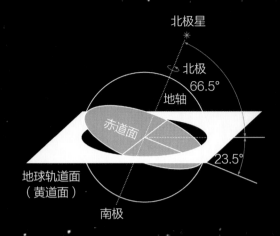

地球黄道面示意图

地球黄道面

　　地球绕太阳公转的轨道平面称为黄道面，黄道面与地球赤道面交角为 23°26'。黄道面与天球相交的大圆称为黄道。在中国古人看来，黄道实际上是太阳周年运动的轨道。黄道面是太阳在天空中穿行的视路径的大圆，也可以说是地球围绕太阳运行的轨道在天球上的投影。由于月球和其他行星等天体的引力影响地球的公转运动，黄道面在空间的位置总是在不规则地连续变化。但在变动中，这个平面总是通过太阳中心。

地核主要由铁、镍及少量的硅、硫组成。外核为液态，温度约 3700℃；内核为固态，其中心温度高达 4800℃。

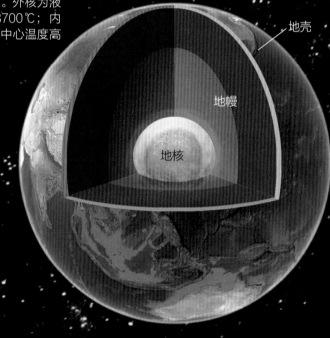

地球内部结构示意图

地球的内部结构

　　地球是一个巨大的实心椭圆球体。它最初形成时，温度非常高，随着逐渐冷却，较重的物质沉到地球中心，形成地核；较轻的物质浮在上面，形成地壳。于是，如今的地球从内向外便有了三层：地核、地幔、地壳。

地球的自转和公转

　　古时候，人们以为地球是宇宙的中心，是静止不动的，所有的星辰和太阳都围绕着地球转动。后来，人们才逐渐了解到，地球只是太阳系的一颗行星，而且每时每刻都在运动着。地球一边自转，还一边绕太阳公转：自转一周约 23 时 56 分 4 秒，也就是我们通常说的一天；而绕太阳公转一周，则需要约 365 日 6 时 9 分 10 秒。正是由于自转和公转，地球上才有了昼夜变化。

地球
Earth

直径：12760 千米
距太阳平均距离：1.5 亿千米
　　　　　　　1 天文单位（AU）
表面温度：平均 15℃
大气成分：氮、氧、氩、
　　　　　二氧化碳、水蒸气等
一日的时长：24 小时
一年的时长：365.3 日
卫星数：1

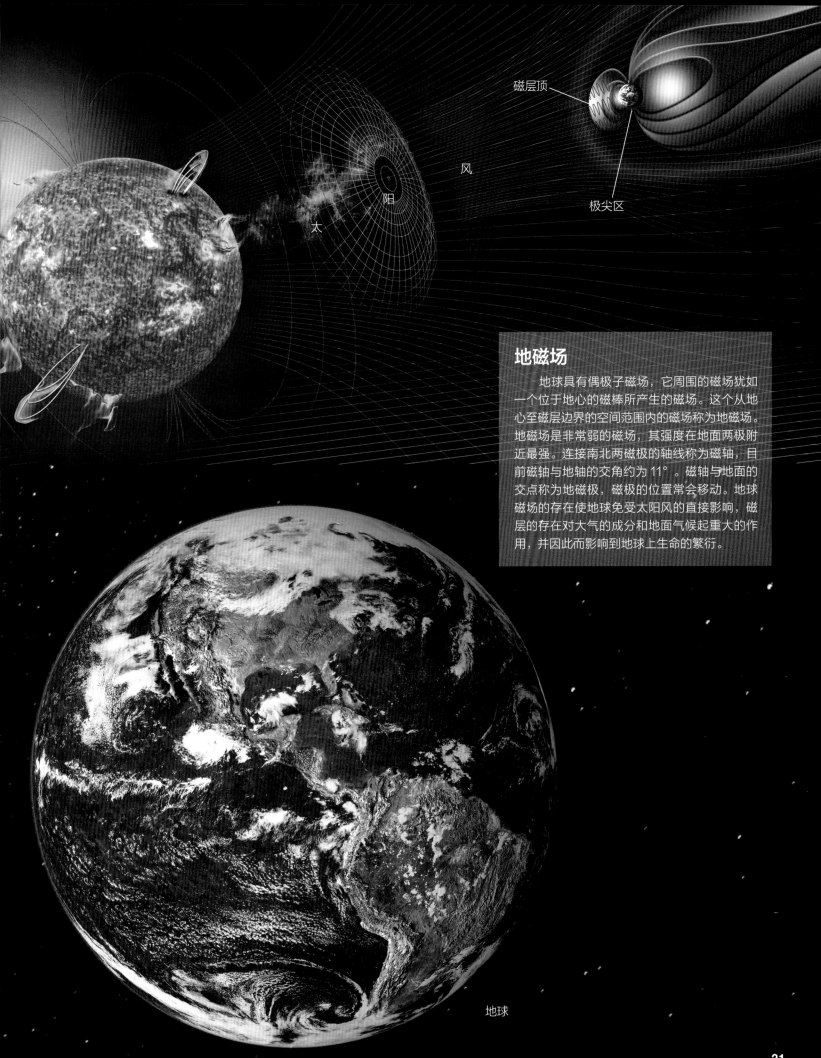

磁层顶

极尖区

风

阳

太

地磁场

　　地球具有偶极子磁场，它周围的磁场犹如一个位于地心的磁棒所产生的磁场。这个从地心至磁层边界的空间范围内的磁场称为地磁场。地磁场是非常弱的磁场，其强度在地面两极附近最强。连接南北两磁极的轴线称为磁轴，目前磁轴与地轴的交角约为11°。磁轴与地面的交点称为地磁极，磁极的位置常会移动。地球磁场的存在使地球免受太阳风的直接影响，磁层的存在对大气的成分和地面气候起重大的作用，并因此而影响到地球上生命的繁衍。

地球

火星

太阳系中有一颗红色的行星，它的表面土壤里充满了红色的赤铁矿，看上去像火的颜色，所以称为火星。中国古代称其为"荧惑"，西汉之后始称火星。"Mars"是古罗马神话中的"战争之神"。火星是目前为止除了地球以外人类了解最多的行星。

火卫一

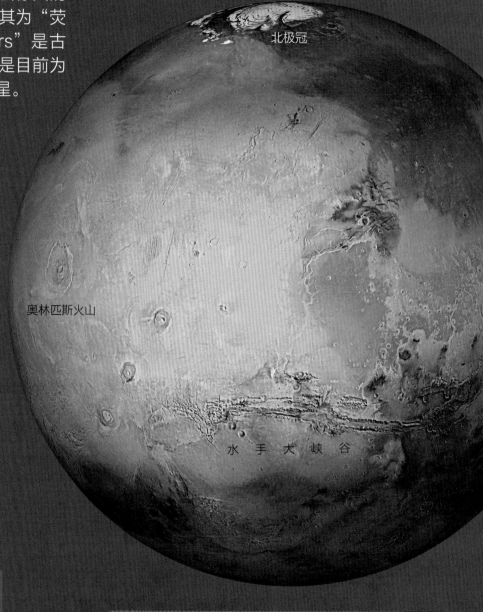

北极冠

奥林匹斯火山

水 手 大 峡 谷

火星和地球很像

火星是类地行星，它和地球的结构一样有壳、幔、核之分。火星的直径约为地球的 1/2，质量约为地球的 1/10。它的大小和与太阳的距离，意味着它比地球冷却速度更快。火星上也有四季变化，只是每季的长度要比地球每季长约一倍。火星上的一天比地球上的一天长一点；一年却有地球上两年那么长。

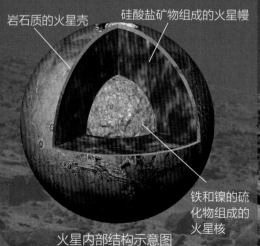

岩石质的火星壳

硅酸盐矿物组成的火星幔

铁和镍的硫化物组成的火星核

火星内部结构示意图

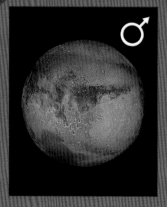

火星
Mars
♂

直径：6792 千米
距太阳平均距离：2.28 亿千米
　　　　　　　1.5237 天文单位（AU）
表面温度：-138℃ ~ 27℃
大气成分：主要为二氧化碳
一日的时长：约 1 个地球日
一年的时长：687 个地球日
卫星数：2

火星的卫星

火星有火卫一和火卫二两颗小卫星，它们是 1877 年火星大冲日时美国天文学家霍尔用望远镜目视时观测发现的。火卫一和火卫二外形不规则，布有撞击坑，表面有许多坑洞。据推测，这两颗卫星可能都是早期被火星俘获的小行星。

火卫二

火星曾受到许多小行星的撞击

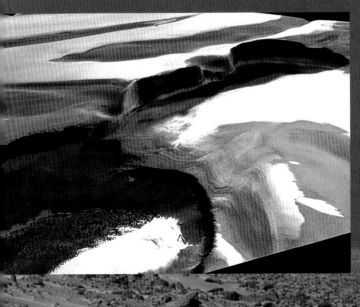

根据火星南极水冰和固态二氧化碳的变化可判断它的四季变化

火星探测

从 20 世纪 60 年代至今，人类已发射 40 多个火星探测器或与之有关的探测器，其中约 20 个实现了对火星的飞掠、环绕或着陆。美国在 60 年代发射的"水手号"探测器系列中，4 号、6 号、7 号和 9 号实现了地形、地貌的成像和测绘。2004 年欧洲航天局宣布，"火星快车"探测器发现南极存在水冰，这是人类首次直接在火星表面发现水。同年，美国发射的"勇气号"和"机遇号"实现了火星软着陆和表面巡视，取得了大量考察资料。2008 年，美国的"凤凰号"火星车确认有地下水。现在，"火星奥德赛号"等三艘探测飞船正在围绕火星飞行，"好奇号""洞察号"正在火星表面进行探测。

"好奇号"火星车

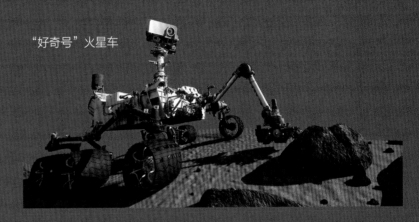

1997 年，"探路者号"火星车用 α 粒子－X 射线光谱仪现场分析火星表面岩石的化学成分。

火星陨石

火星受到小行星的巨大撞击后，溅射岩石碎块的速度大于火星的逃逸速度，这些碎块在行星际空间运行，其中一部分落到地球上，成为火星陨石。迄今已报道的火星陨石有 30 多块，主要见于南极洲及摩洛哥、也门与阿尔及利亚等地的沙漠地区。这些火星陨石的共同特点是：岩浆岩的结晶年龄一般大于 10 亿年，形成于类地行星的地质过程；火星陨石的玻璃物质所包裹的氮和稀有气体等，其气体的同位素组成表现为火星大气的特征。在取得火星岩石样品之前，火星陨石的发现有助于探讨火星上的生命、水与岩浆活动的关系等问题。

降落在地球南极洲上的 ALH84001 火星陨石是 1984 年被发现的，这颗陨石上的管状物一度被怀疑是像细菌一样的微生物化石。

火星表面

与地球相比，火星表面的地形高差一般为5米～10千米，遍布撞击坑和峡谷等。南半球密布古老的撞击坑，而北半球则多是年轻的火山熔岩平原。火星上遍布沙丘、砾石，没有稳定的液态水体；以二氧化碳为主的大气既稀薄又寒冷，每年常有尘暴发生。南北两极有由干冰和水冰组成的白色冰冠。

火星上的火山

奥林匹斯火山是太阳系天体上最大的火山结构，高22千米，约是地球珠穆朗玛峰的3倍，是太阳系行星上最高的山峰。火山口直径90千米，深3千米，周壁高6千米。奥林匹斯火山的凹槽是一个巨大的火山口，足以吞噬地球上所有的火山。

奥林匹斯火山

水手大峡谷

　　火星上最令人震撼的是水手大峡谷系统。1972年，美国的"水手9号"探测器发现了这个峡谷，因此称之为"水手谷"。水手谷由数条平行相接的沟槽组成，东西向延伸长度超过4000千米，宽度700千米，平均深度8千米，其长度是地球上的科罗拉多大峡谷的10倍。地质学家认为，水手谷大约在35亿年前沿地质断层开始形成。

通过"机遇号"对火星表面的探测得知，火星表面曾经有水，水改变了岩石的化学成分和纹理。

水手大峡谷

行星冲日

　　火星、木星、土星、天王星和海王星在地球外侧围绕太阳运行。当地外行星、地球及太阳三者连成直线，且地球在地外行星与太阳之间时，称其为"冲"；当地外行星和太阳都处于地球的同一侧时，称其为"合"。地外行星"冲日"时最接近地球，也最适宜对其进行观测。

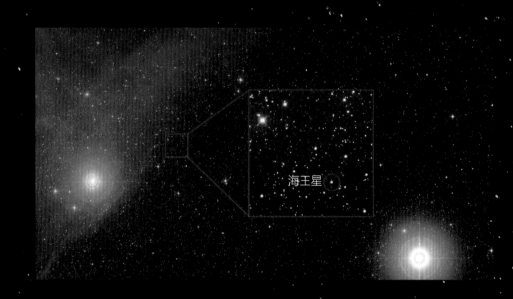

海王星冲日

　　由于距离地球极远，海王星看上去非常暗淡。当海王星运行到与太阳黄经相差180°的方位上，即发生冲日现象。冲日期间，太阳落山时，海王星从东方地平线上升起。此后的 20 多天时间里，海王星与地球相距最近，是我们观测海王星的最佳时机。

2010 年 9 月下旬，天王星和木星冲日。这是一幅合成的行星冲日图。

天王星

木星

天王星冲日

　　天王星距离地球非常远，其视面大小的变化平时很难察觉。天王星冲日时与地球距离最近，因此看上去会比其他时间大一些，最适合观测。在天气晴朗的条件下，借助于望远镜可欣赏到这颗淡蓝色的行星。天王星与地球的会合周期约 370 天，每过一年零五天会发生一次天王星冲日现象。

木星冲日

　　木星冲日约每 399 天出现一次，最近一次木星冲日将发生在2019 年 6 月 10 日。在冲日前后数星期内，木星会显得相当明亮，亮度达 -2.5 视星等，这是观测木星及其表面大红斑的最佳时间，同时我们还可观测木星最大的 4 颗卫星。

火星冲日

当地球运行到太阳和火星轨道之间，太阳和火星的黄经相差180°之际，称为火星冲日，此刻的火星方位称为"冲"。地球每隔764～806日（平均780日）遇到一次火星冲日。此时火星距离地球较近，从日落到日出，火星整夜呈现在星空，是观测火星的最佳时机，亮度约是天狼星的3.5倍。如果冲日时火星位于近日点，则称为"大冲"，每隔15～17年一遇。

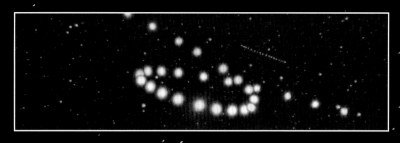

火星冲日时，我们可以每隔几天拍摄一次火星，然后用软件合成处理这些图片，会发现火星在运行过程中"画"了一个圈。

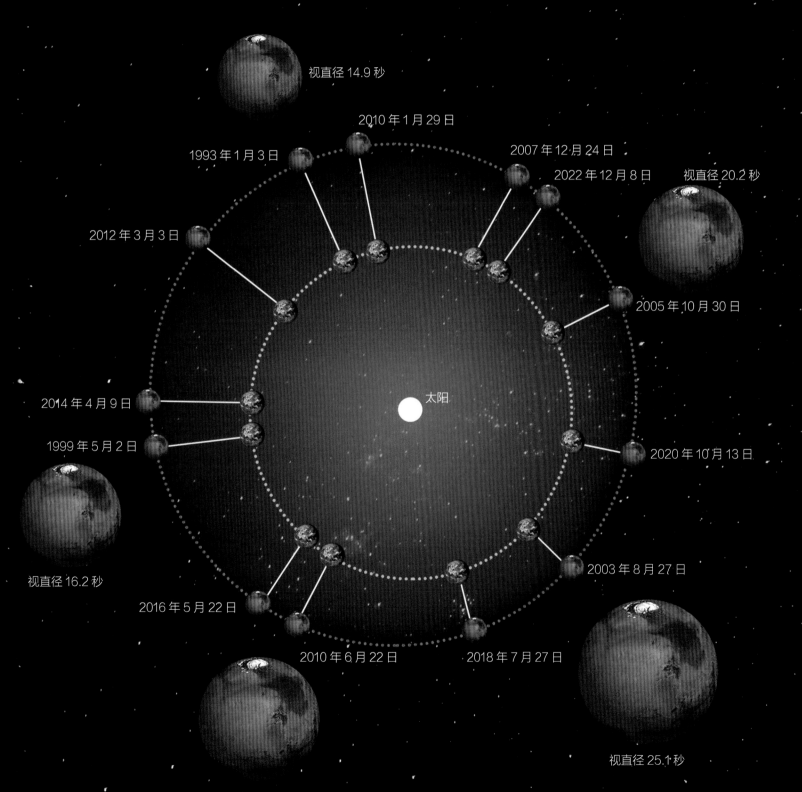

视直径 14.9 秒

2010 年 1 月 29 日

1993 年 1 月 3 日

2007 年 12 月 24 日

2022 年 12 月 8 日

视直径 20.2 秒

2012 年 3 月 3 日

2005 年 10 月 30 日

2014 年 4 月 9 日

太阳

1999 年 5 月 2 日

2020 年 10 月 13 日

视直径 16.2 秒

2003 年 8 月 27 日

2016 年 5 月 22 日

2010 年 6 月 22 日

2018 年 7 月 27 日

视直径 25.1 秒

视直径 20.8 秒

木星

木星是一颗很亮的行星，太阳系行星中只有金星的亮度能超过它。中国古代用木星来纪年，所以称它为"岁星"，西汉之后始称"木星"。"Jupiter"是古罗马神话中的主神朱庇特。夜晚时，我们用小型双筒望远镜就可看到木星及其身旁的四大卫星，即使是在大都市中也可以在夜空中找到它的位置。

1979 年，"旅行者 1 号"探测器飞临木星，近距离考察木星、伽利略卫星和木卫五，首先发现木星环系，并送回大量有关行星际等离子体、木星射电等信息。

木星的公转和自转

木星的体积是地球的 1318 倍，质量相当于地球的 318 倍，在八大行星中体积和质量最大，质量超过太阳系中除太阳以外其他天体质量的总和。木星自转很快，自转 1 周仅需 9 小时 50 分钟，而它绕太阳 1 周却要 11 年 10 个月。木星的卫星数量也居八大行星首位，有"小太阳系"之称。

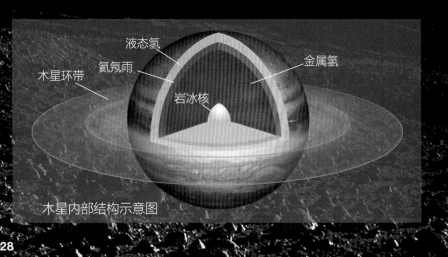

液态氢

氦氖雨

金属氢

木星环带

岩冰核

木星内部结构示意图

气液态星球

木星大气厚达 1000 千米，但和其巨大的体积相比，仍只能算是薄层，大气的主要成分是氢以及少量的氦和甲烷。木星在接受太阳热量的同时，自己本身也能释放热量，甚至比从太阳那里得来的热量还要多。

木星探测

从 1972 年到现在，先后有"先驱者 10 号""伽利略号"等 8 个探测器造访或顺访过木星。2017 年 2 月，美国的"朱诺号"探测器第四次成功飞越木星，并到达离木星最近距离，距离木星顶端云层约 4300 千米。探测器上的 8 台科学设备和"朱诺"相机在这次勘测中收集了大量数据，并已传送至地球。

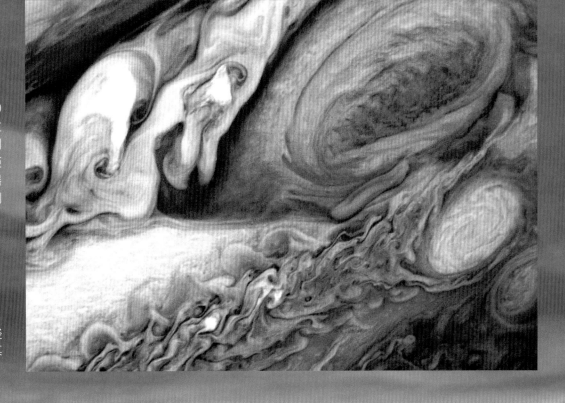

木星的大红斑已经存在 300 多年，其面积大于 3 个地球。

快速自转让木星液态的表面上形成了无数的湍流，同时也使木星的上层大气形成了一条条明暗相间的条纹，称为"云带"。

木星环带

1979 年，美国的"旅行者 1 号"探测器发现木星也拥有环带，这是继土星和天王星之后观测到的第三个拥有环带系统的行星。木星的环带是由一些大大小小的石块和冰组成的，它们看起来非常暗淡，所以人们在地球上用望远镜观察了木星几百年，也没有发现木星的环带。

木星的"大红斑"

木星表面有一个非常醒目的红色圆斑，又称"大红斑"。它是木星大气中特大的气流旋涡，风暴的速度达 300 千米 / 小时 ~ 500 千米 / 小时。1664 年，旅法意大利天文学家卡西尼首次用长焦距折射望远镜观测到位于木星南半球的椭圆形"大红斑"。"大红斑"的宽度相当恒定，约有 14000 千米，但长度在几年内就能从 30000 千米变到 40000 千米。

星名片

4 木星 Jupiter

直径：143000 千米
距太阳平均距离：7.8 亿千米
约 5.2 天文单位（AU）
大气温度：约 -150℃ ~ -140℃
大气成分：氢、氦、甲烷等
一日的时长：9 时 50 分 ~ 9 时 56 分
一年的时长：11.87 个地球年
卫星数：79

从木卫二上看木星

木星的卫星

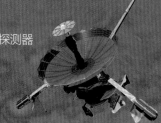

"伽利略号"探测器

　　木星拥有成员众多的卫星，在太阳系八大行星中卫星数量最多。至今已知的木卫总数达 79 颗，而且这个数字还可能会继续增加。木卫一、木卫二、木卫三和木卫四是最大的 4 颗卫星，是伽利略在 1610 年用他制作的折射望远镜首次观察木星时发现的，合称伽利略卫星。

木卫一

　　木卫一离木星最近，它在强大的引力作用下变成椭球状。木卫一的表面被硫覆盖，表面的黄色、棕色和红色是硫的不同形态所呈现的颜色。木卫一是太阳系中火山最活跃的天体，经常有猛烈的火山喷发。它的大气层非常稀薄，主要成分是二氧化硫。

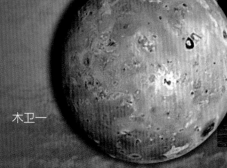

木卫一

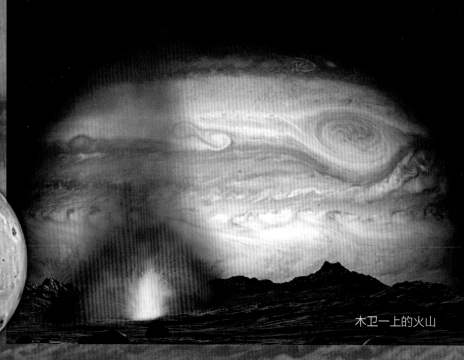

木卫一上的火山

木卫二

　　木卫二是四大卫星中体积最小的，也是太阳系中表面最光滑的天体。它的表面是冰层，冰层下可能有广阔的海洋，使木卫二成为太阳系中最有可能存在地外生命的星球之一。木卫二的大气非常稀薄，主要成分是氧。木卫二表面棕色和红色的纹理纵横交错，它们是木卫二表面被木星的引力潮汐推挤而产生的裂缝。

木卫二

木卫二上的喷泉

30

木卫三上的冰原

木卫三

木卫三是木星最大的卫星，也是太阳系中最大的卫星，直径约 5260 千米。它的地貌显示这里或许有过水，它也被视为可能具备生命诞生条件的天体。木卫三有一层稀薄的含氧的大气。它还是太阳系中唯一拥有自己磁场的卫星。

木卫三

木卫四

木卫四是木星的第二大卫星，距离木星最远，也最暗淡。它曾经遭受过小天体猛烈的撞击，撞击坑密密麻麻地覆盖在它的表面。木卫四由岩石和水构成，它的大气成分主要是二氧化碳，是另一颗有可能存在生命的卫星。木卫四属于同步自转卫星，永远以同一个面朝向木星。

木卫四

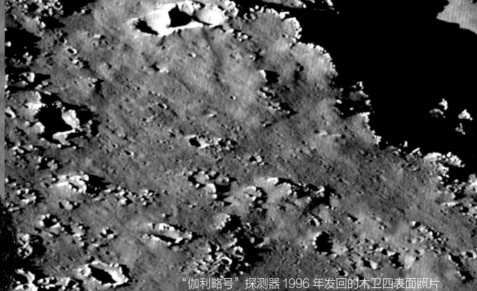

"伽利略号"探测器 1996 年发回的木卫四表面照片

土星

土星的运行轨道在木星之外，是我们用肉眼能够看见的最远的一颗行星。土星在夜空中移动得非常缓慢，所以西方人把它和古罗马众神的祖父，即朱庇特的父亲萨坦（Saturn）联系起来。"Saturn"是古罗马神话中的"农神"，掌管时间和农业。中国古代称土星为"镇星"，也称"填星"，西汉之后始称"土星"。

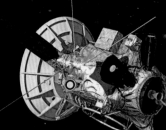

"卡西尼号"探测器进入环绕土星轨道后，对土星及其大气、环带、卫星和磁场进行深入考察。

土

星

土星内部结构示意图

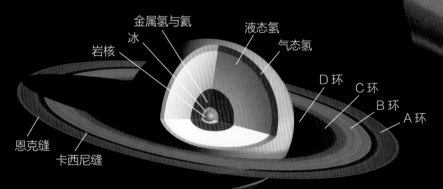

金属氢与氦

液态氢

冰

岩核

气态氢

D 环

C 环

B 环

A 环

恩克缝

卡西尼缝

土星
Saturn

星名片

ち

直径：120540 千米
距太阳平均距离：14 亿千米
9.6 天文单位（AU）
云顶温度：-170℃ ~ -160℃
大气成分：氢、氦、甲烷等
一日的时长：10 小时 39 分钟
一年的时长：29.4 个地球年
卫星数：62

土星的结构

土星与木星很相似，也是一个气液态行星。土星的体积约是地球的 744 倍，质量只有地球的 95 倍，平均密度为 0.7 克 / 立方厘米，是太阳系中唯一密度比水小的天体。假如有一个能把土星放进去的大水盆，土星可以浮在水面上。科学家推测，土星有一个岩石态内核，内核之外是 5000 千米厚的冰层，最外层是厚度为 500 ~ 800 千米的大气。

土星探测

从 1979 年到现在，先后有"先驱者11 号""旅行者 1 号""旅行者 2 号""卡西尼号"探测器飞临土星，进行过探测土星的活动。"卡西尼号"探测器于 1997 年发射升空，在飞掠金星、地球和木星之时曾 4 次获得提速，于 2004 年 7 月与土星会合，进入环绕土星的轨道，成为土星第一个人造卫星探测器。

"卡西尼号"探测器拍摄到土星北极上方有一个六角形旋涡风暴

"卡西尼号"探测器拍摄到的南极风暴影像

土星风暴

土星风暴的移动速度约为 450 米 / 秒，而且可以持续数月、数年，甚至几个世纪。2012 年 7 月 22 日，探测器拍摄到土星强大风暴，持续约 200 天。土星风暴在其南北半球都有，最强烈的风暴出现在赤道附近。

土星环带

土星的"腰部"缠着引人注目的环带，它们是由大大小小的石块、冰块和气体组成的。这个环带由无数条大小不等的小环带组成，就好像一张硕大无比的密纹唱片。土星环带形成的原因目前还不清楚。天文学家推测，它可能是土星诞生时的遗留物，也可能是土星的卫星与彗星相撞后形成的碎片。

环

带

卡西尼缝

壮观的土星环带由无数小环组成，每个小环又由几十亿颗冰块物质组成。光环由宽度不等的许多同心圆环组成，环与环之间的缝隙有宽有窄。最明显的一条称为卡西尼缝，宽度为 4800 千米。

土星的卫星

土星有着复杂的卫星系统，卫星数量很难确定，因为真要算起来，土星环带内所有大个儿的冰块都算得上是它的卫星。土星的卫星各具特色，有的卫星又大又圆，有的则是不规则的小型卫星。在围绕土星运转的天体中，目前确定了轨道的天然卫星有 62 个。

土卫三与两颗比它小得多的卫星共用一条轨道

橙色的土卫六

1655 年 3 月 25 日，荷兰天文学家惠更斯在用自制的折射望远镜观测土星时，无意中发现了一颗土星的卫星。这颗卫星被命名为"泰坦"，即土卫六。泰坦是希腊神话中力大无比的女巨人。在土星的 62 颗卫星中，土卫六是已知唯一表面有大气的卫星。科学家希望通过对土卫六大气中非生物成因的甲烷等气体的分析，了解地球早期生命的演化过程。

土卫七

土卫六是土星最大的卫星

"惠更斯号"是从"卡西尼号"探测器释放到土卫六上空的子探测器，它的任务是探测土卫六的地表状况。

土卫五是土星的第二大卫星，表面是明亮的冰。

土卫六表面由液态甲烷等碳氢化合物形成的河流、湖泊和海洋

土卫一

　　土卫一与土星平均距离约 185500 千米，在土星较大的几个卫星中离土星最近。它的表面有一个特大撞击坑——赫歇尔撞击坑，撞击坑的直径接近于土卫一直径的三分之一，面积约占土卫一表面积的四分之一。科学家分析，土卫一曾遭遇过一次几乎毁灭性的碰撞。

土卫一

赫歇尔撞击坑

2010 年 2 月，"卡西尼号"最接近土卫一时拍下了土卫一图像。

2015 年，科学家发现土卫二上存在热的水环境。

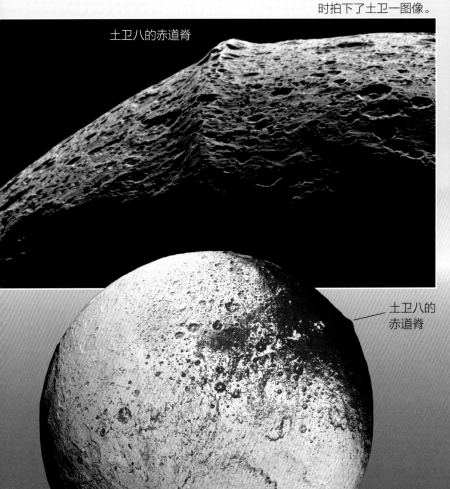

土卫八的赤道脊

土卫八的赤道脊

土卫八

土卫二南极处的冰喷泉

土卫四是土星环带系统中距离土星最遥远的卫星

土卫八

　　土卫八距离土星约 3561250 千米，是土星的第三大卫星。它拥有一个环绕球体半圈的赤道脊，长度约 1300 千米，高度 13 千米。土卫八的一半是亮白色，另一半则是炭黑色，它总是保持着同一面面向土星。

从土卫八上看土星

天王星

天王星是距离太阳第七远的行星，亮度比较低，人们用肉眼看不见它，因此古人并不知道它的存在。1781 年，英国天文学家赫歇尔巡天观测时发现了它，天文界按照以古代希腊和罗马神话人物命名行星的传统称其为"Uranus"，意为"天王之星"。中国天文学家取其译名称为"天王星"。

天王星环带

1977 年 3 月天文学家发现，天王星有一个由多条环带组成的环系。这是继约 400 年前证实土星有环带之后，发现的第二个有环带的行星。1986 年，"旅行者 2 号"探测器飞掠天王星时，拍摄到天王星环带的近景图像，环带共有 11 条，多数为 1～10 千米宽的窄带，由厘米级和十厘米级的颗粒组成，多呈暗黑色。

天王星环带

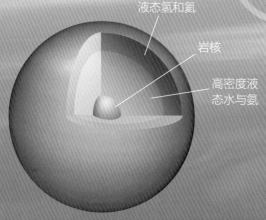

液态氢和氦

岩核

高密度液态水与氨

天王星内部结构示意图

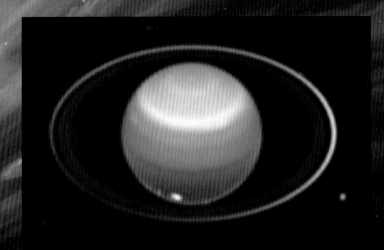

1998 年"哈勃"空间望远镜看到的天王星 4 个主环和云层中的亮点

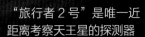

"旅行者 2 号"是唯一近距离考察天王星的探测器

天王星探测

1986 年，美国的"旅行者 2 号"成为首次到访天王星的探测器，对天王星进行了近距离考察。"旅行者 2 号"测定天王星的大气组成、温度和压力，首次取得环系图像，发现一批新卫星，测量磁轴倾角、磁场强度和磁层特征，并修订了有关行星质量、自转周期等基本参数。

天王星的卫星

截至 2006 年底，人类已发现 27 颗天王星的卫星，其中多数是以莎士比亚戏剧中的人物命名的。天王星的卫星个头都不大，其中天卫一、天卫二、天卫三和天卫四的直径为 1100 ~ 1600 千米，相当于月球直径的 30% ~ 45%，天卫五的直径约为 480 千米，其余卫星则更小。

天王星的公转和自转

天王星是"躺"在黄道面上自转的行星，这是它的独特之处。其他行星都像陀螺一样"站"在公转轨道上前进，只有天王星像是一个"躺"在轨道上滚着前进的"皮球"。从地球的方向看过去，它的环系统就像是套在靶心周围的圆环，周围的卫星像钟表的指针一样走动。

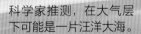

小行星掠过天王星

科学家推测，在大气层下可能是一片汪洋大海。

冰巨星

天王星被一层厚厚的以氢和氦为主的大气包裹着，像一个蓝绿色的巨大气球，被称为"冰巨星"。这里所说的"冰"不是我们平常熟悉的由水冻结成的"水冰"，它其实不是寒冷的固体，而是水、氨和甲烷的混合物在高压下构成的流体。天王星云顶温度为 -210℃ ~ -200℃。

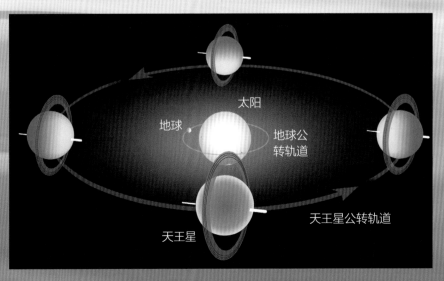

海王星

海王星是唯一利用数学预测而非有计划的观测发现的行星。它的位置最初是通过计算得出的，所以海王星被称为"笔尖上发现的行星"。19 世纪 40 年代，根据英国天文学家亚当斯和法国天文学家勒威耶各自独立计算的轨道根数，由德国天文学家伽勒于 1846 年按勒威耶预测的方位观测发现并证实，按以古代希腊和罗马神话人物命名行星的传统称其为"Neptune"，意为"海王之星"。中国天文学家取其译名称为"海王星"。

1989 年，"旅行者 2 号"探测器飞经海王星附近，人类第一次清晰地看到了海王星的云层、环带和卫星。

海王星上的风暴

海王星是一颗蓝色的星球。它的整个表面是一层厚厚的冰，终年不化，其云层顶端的温度达到极寒的 -220℃ ~ -210℃。海王星还是个阴暗多风的地方，上面呼啸着大风暴或旋风。海王星上的风暴是太阳系中最快的，时速达到 2000 多千米 / 小时。

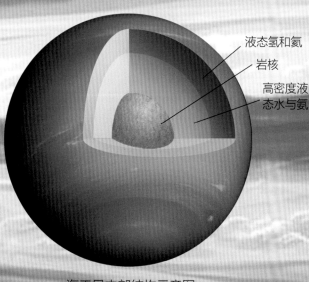

液态氢和氦
岩核
高密度液态水与氨

海王星内部结构示意图

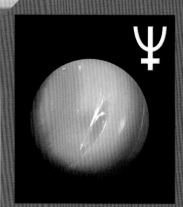

海王星
Neptune

直径：49500 千米
距太阳平均距离：45 亿千米
　　　　　　　30 天文单位（AU）
云顶温度：-220℃
大气成分：氢、氦、甲烷等
一日的时长：16 小时 6 分钟
一年的时长：164.79 个地球年
卫星数：14

海王星探测

　　"旅行者2号"探测器于1986年探测天王星后，在1989年飞临海王星，首次获得海王星及其环带和卫星的近景图像。"旅行者2号"对海王星的大气组成、温度和气压等进行了一系列测量，并发现海卫一是一个有火山活动的太阳系天体。

从海王星上望去，太阳像一颗遥远的星星。

海卫一围绕海王星公转的方向与海王星的自转方向相反，被称为"逆行"。科学家们推测，它可能是被海王星俘获的一个柯伊伯带天体。

海王星的卫星

　　海王星有14颗已知的卫星，其狭窄的环带周围有好几颗小卫星。海卫一是海王星最大的卫星，直径约2700千米，小于月球，大于冥王星。它占据了海王星所有卫星质量的绝大部分，其他13颗卫星加起来的质量还不到它的1%。海卫一具有和月球、木星的伽利略卫星、冥王星和它的卫星等同样的同步轨道，即永远以同一半球朝向海王星。

海王星环带

　　海王星有5条稀疏且完整的环带，从里向外依次为伽勒环、勒威耶环、拉塞尔环、阿拉戈环和亚当斯环。海王星的环带很暗，一大半由尘埃组成，与木星的环相似，与土星、天王星主要由冰构成的环不同。

"旅行者2号"拍摄的海王星环带

冥王星

从海王星往外，就是冥王星和众多小天体的天下了。冥王星曾在很长时期内被认为是太阳系九大行星之一，也是距离太阳最远的行星。冥王星于 1930 年被美国天文学家汤博通过巡天观测发现，用古罗马神话中"地狱之神"的名字命名为"Pluto"，中文译为冥王星。

"新视野号"在冥王星上发现的"心形"平原，被以冥王星发现者的名字命名为"汤博区"。"新视野号"传回的照片显示，冥王星表面有高山、平原以及复杂的"蛇皮"地形和"龟甲"地形。

冥卫一

冥王星

汤博区

冥王星的"户口"

冥王星从被发现的那一天起，就不断被人们质疑其行星身份。由于体积较小、引力较弱，冥王星没有能力清除运行轨道附近的其他天体，而太阳系的其他八大行星都具有自己独占的运行轨道。2006 年 8 月 24 日，根据国际天文学联合会通过的行星定义，冥王星被降级为矮行星。

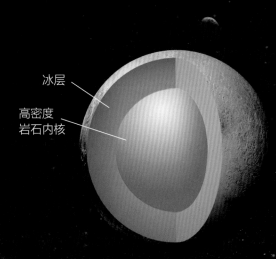

冰层

高密度
岩石内核

冥王星内部结构示意图

星名片

♇ 冥王星
Pluto

直径：2370 千米
距太阳平均距离：59 亿千米
　　　　　　　39 天文单位（AU）
表面温度：-230℃ ~ -220℃
大气成分：氮、甲烷等
一日的时长：约 6 个地球日 9 小时
一年的时长：248 个地球年
卫星数：5

冥王星的卫星

1978 年，美国天文学家发现冥卫一（卡戎）。至 2012 年，人们陆续发现了冥卫二、冥卫三、冥卫四和冥卫五。冥卫一是冥王星最大的卫星，体积超过冥王星的一半。有人认为它和冥王星组成一个双矮行星系统，因此不是真正意义上的卫星。

2012 年，"哈勃"空间望远镜发现了冥卫五。

由于相距遥远，从冥王星上看太阳，太阳就像一颗稍微亮一些的普通恒星。

冥王星的轨道运动

冥王星绕太阳 1 圈需要 248 个地球年。假如我们生活在冥王星上，一辈子也就相当于冥王星上的四个月。冥王星轨道的偏心率（椭圆程度）、轨道面与黄道面的夹角比其他行星大。在近日点附近时的冥王星甚至比海王星更靠近太阳。冥王星和海王星在黄道投影图上的轨道有交叉，但不会发生碰撞，即使在交叉点附近，冥王星和海王星仍相距甚远。冥王星表面接收的太阳辐射热量相当于地球的 0.06%，表面温度低于 -230℃ ~ -220℃。由于极度寒冷，冥王星表面是氮冰、一氧化碳冰、甲烷冰、水冰等各种挥发物组成的冰态物质。

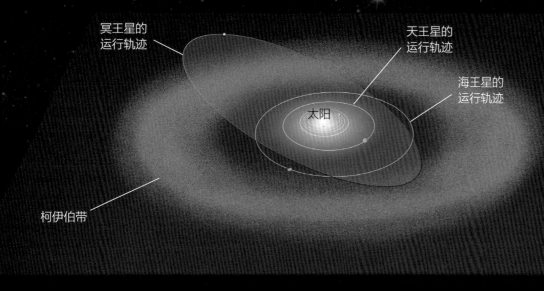

冥王星的
运行轨迹

天王星的
运行轨迹

海王星的
运行轨迹

太阳

柯伊伯带

柯伊伯带与奥尔特云

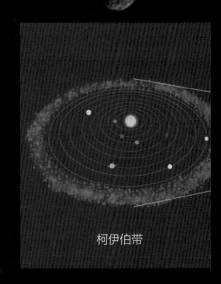

太阳系包含三个主要区域。第一个区域是内太阳系，包括水星、金星等四颗类地行星；第二个区域为外太阳系，包括木星、土星等四颗类木行星；第三个区域为海王星以外的天体，包括柯伊伯带和奥尔特云两个天体密集区。在海王星轨道之外，数十亿颗小型冰质星体环绕着太阳系，根据其组成和轨道，天文学家将它们分为几类。最内侧由柯伊伯带和离散盘组成，其中包含大量的冰冻小天体。在此之外存在着庞大的晕环，由更小的冰冻天体组成，称为奥尔特云。

柯伊伯带

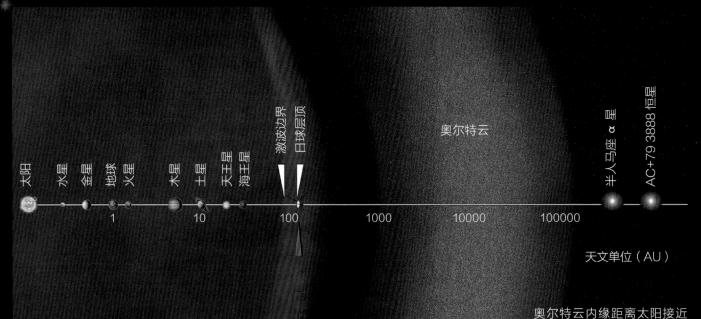

太阳风层

太阳系各类天体及其与太阳的距离（横轴为对数坐标）

奥尔特云内缘距离太阳接近1000天文单位，"旅行者1号"需要约300年才能到达奥尔特云的内缘，穿越外缘需要约2万年。

柯伊伯带天体

在海王星轨道以外，存在着众多围绕太阳旋转的小天体，其中直径大于100千米的"海王星外"天体至少有7万个，分布的径向范围从海王星轨道（30天文单位）向外扩展到50天文单位处。柯伊伯带的天体主要包括冰冻的小行星、彗星和矮行星，冥王星是已发现的最大的柯伊伯带天体。早在冥王星被发现后不久，就有人提出可能存在这样一道环带。天文学家曾提出理论模型，解释这类环带的形成方式。后人称这个区域为柯伊伯带。柯伊伯带是哈雷彗星等短周期彗星的发源地。2019年1月1日，"新视野号"探测器飞越了距离地球约66亿千米的柯伊伯带天体"天涯海角"，它是迄今为止人类探测器触及的最遥远的天体。

奥尔特云

柯伊伯带曾被误认为是太阳系的边界。1950年，天文学家奥尔特根据长周期彗星的轨道特征，认为在柯伊伯带之外，距离太阳10000天文单位处有一个笼罩太阳系的球状包层，其中分布以千亿计的小天体，那里是长周期彗星的主要发源地，后人称这个区域为奥尔特云。关于奥尔特云的形成有不同的学说，许多天文学家认为，奥尔特云是50亿年前形成太阳及其行星的星云之残余物质，并包围着太阳系。还有天文学家认为，奥尔特云中的一些彗星可能起先是环绕其他恒星运行的，后来它们又被太阳的引力所俘获。

妊神星是柯伊伯带的一颗矮行星，是太阳系中最不寻常的天体之一。它的自转速度非常快，约4小时自转一周。天文学家估计，可能是在早期的一次碰撞中，留下了这个椭圆形的天体，并使其开始了非同寻常的快速旋转。妊神星有两颗卫星，距离太阳约51天文单位。

离散盘天体

　　靠近柯伊伯带且偏离黄道面的一个区域，称为离散盘。离散盘最内侧的部分与柯伊伯带重叠，它的外缘向外伸展并比一般的柯伊伯带天体远离了黄道的上下方。这里离散分布着一些小天体，被称为"离散柯伊伯带天体"，其中最著名的是距离地球90天文单位的阋神星，直径约2350千米。

塞德娜

　　2003年，天文学家在观测海王星以外区域时发现了一个独立天体，当时它的距离显示为100天文单位。天文学家估计，这个天体的表面温度为 -260℃，是已发现的太阳系中最寒冷的天体，故而以居住在北极海的海洋女神"塞德娜"的名字命名。塞德娜距离太阳最远可达1402亿千米，是迄今在太阳系内发现的最遥远的天体。

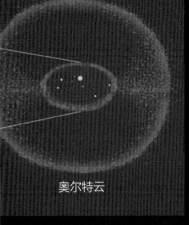

奥尔特云

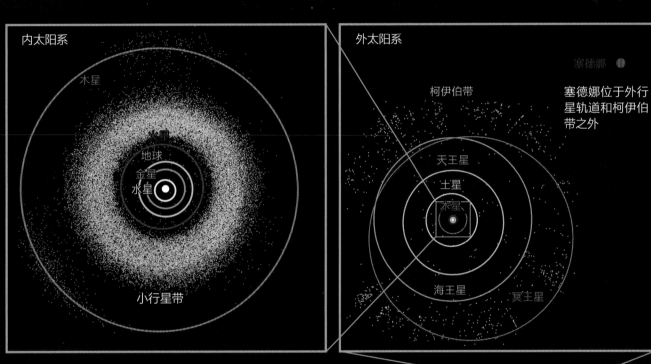

内太阳系

木星
火星
地球
金星
水星
小行星带

外太阳系

柯伊伯带
塞德娜

塞德娜位于外行星轨道和柯伊伯带之外

天王星
土星
木星
海王星
冥王星

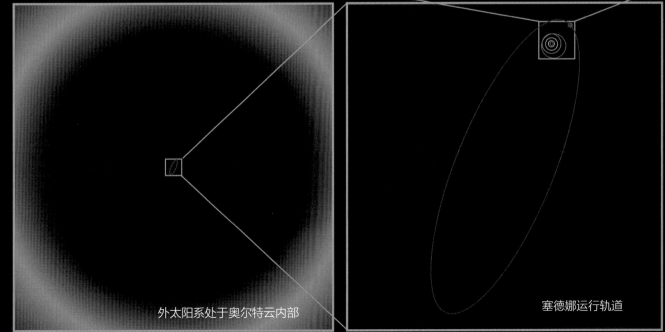

外太阳系处于奥尔特云内部

塞德娜运行轨道

小行星

小行星绝大多数分布在火星和木星的轨道之间，它们和行星一样，也在不停地围绕太阳运转。小行星是体积和质量都比行星小很多的固态小天体，大小在几厘米到 1000 千米以上。小行星多得难以计数，目前人类已经识别出的小行星超过 50 万颗。

智神星

小行星带

太阳系中的小行星大都集中在火星和木星的轨道之间，形成了一个密集的小行星分布区。1801 年，意大利天文学家皮亚齐在这里发现了第一颗小行星。从此以后，这里不断有小行星被发现并编号。这些小行星记载着行星形成初期的信息，为人类研究行星和太阳系的起源提供了许多资料。

小 行 星 带

小 行

火星

地球

近地小行星

小行星的轨道多种多样，人们对那些可能与地球擦身而过的小行星比较关注，称其为近地小行星。近地小行星总数大约有 18000 多颗，其中直径大于 1000 米的大约 800 颗。它们存在撞击地球的潜在风险和可能被利用的资源。2019 年 7 月 25 日，一颗直径在 100 米左右的小行星以 24.5 千米 / 秒的速度与地球擦肩而过，距地球最近距离仅为地月距离的五分之一。如果真的撞上地球，它的破坏力足以毁灭一个城市。

2015 年 5 月 14 日，一颗名为 1999 FN53 的近地小行星飞临地球附近，距地球约 960 万千米。

近地小行星
1999 FN53

地球

科学家推测，在谷神星表面的冰层下面，也许会有海洋存在。

在过去的十几年中，每年新发现的小行星有数万颗。截至 2019 年 5 月，人类共发现小行星并暂定编号 1422584 颗，命名 21922 颗。

灶神星

谷神星

　　1801 年 1 月 1 日，西西里岛巴勒莫天文台台长、意大利天文学家皮亚齐在金牛座中发现了一个神秘物体。这个物体位于火星和木星之间，沿着近圆形的、类似行星的路线行进，但是它太小了，不能算行星。这就是第一颗被发现的小行星——谷神星，它是小行星带中最大的小行星。根据 2006 年颁布的行星定义，谷神星已被归类为矮行星。

带

星

木星

小行星的命名

　　最早被发现的 4 颗小行星，按以古代神话中的神灵为名的传统，被命名为谷神星（1号）、智神星（2号）、婚神星（3号）和灶神星（4号）。随着新发现的小行星越来越多，新的命名由有命名权的发现者自行取名，如张衡星（1802 号）、联合国星（6000 号）、百科全书星（21000 号）。一颗小行星在被命名前，要经历临时编号、暂定编号和永久编号三个阶段。

已被命名的部分小行星

小行星编号	小行星命名
1 号	谷神星
150 号	女娲星
1034 号	莫扎特星
1125 号	中华星
1802 号	张衡星
2012 号	郭守敬星
2045 号	北京星
2051 号	张钰哲星
2069 号	哈勃星
2169 号	台湾星
3171 号	王绶琯星
3241 号	叶叔华星
3297 号	香港星
3513 号	曲钦岳星
3763 号	钱学森星
3789 号	中国星
6000 号	联合国星
6741 号	李元星
7072 号	北京大学星
7145 号	林则徐星
7497 号	希望工程星
7800 号	中国科学院星
7853 号	孔子星
8000 号	牛顿星
8256 号	神舟星
8425 号	自然科学基金星
8919 号	欧阳自远星
8992 号	宽容星
10877 号	江南天池星
10930 号	金庸星
11365 号	美国国家航空航天局星
19119 号	小行星命名辞典星
20843 号	郭子豪星
21000 号	百科全书星
21064 号	杨利伟星
23408 号	北京奥运星
31230 号	屠呦呦星
41981 号	姚贝娜星
88705 号	马铃薯星
110288 号	李白星
145546 号	广州七中星
148081 号	孙家栋星
151997 号	紫荆花星
161715 号	汶川星
178263 号	维也纳爱乐星
216343 号	文昌星

彗星

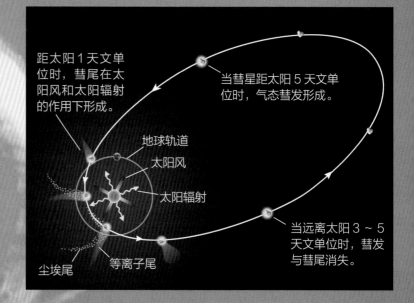

地球

彗星

彗星轨道

很久以前，人们认为天上出现像扫帚形状的星星是一种凶兆，会有灾难降临。其实，这种说法没有科学道理。扫帚星是彗星，是绕太阳运行的小天体。中国古代对彗星还有孛星、星孛、妖星、蓬星、长星、异星、奇星等称谓。天文学家估计，太阳系有几十亿颗彗星，这些彗星中的大多数都需要用望远镜才能看见。伽利略、开普勒、牛顿、哈雷等是科学地描述彗星运动的先驱者。天文学史中有以发现者的姓氏命名彗星名称的传统。

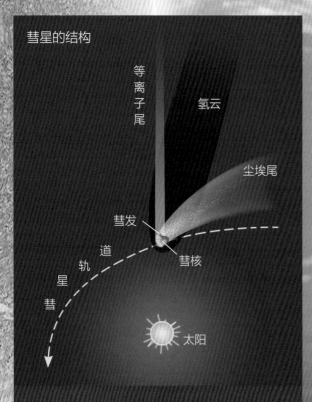

彗星的结构

等离子尾

氢云

尘埃尾

彗发

彗核

彗星轨道

太阳

距太阳 1 天文单位时，彗尾在太阳风和太阳辐射的作用下形成。

当彗星距太阳 5 天文单位时，气态彗发形成。

地球轨道

太阳风

太阳辐射

尘埃尾

等离子尾

当远离太阳 3 ~ 5 天文单位时，彗发与彗尾消失。

彗星的运动

循着椭圆轨道绕太阳运行的彗星称为周期彗星，它们每运行一个周期，就会到太阳和地球附近一次，这时我们才能观测到它们。周期在 200 年以内的彗星称为短周期彗星，周期大于 200 年的彗星称为长周期彗星。有些彗星是太阳系的"过路客"，从太阳和地球附近离去后，就再也没有机会回来了，这些彗星称为非周期彗星。

彗星的构造

彗星通常分彗核、彗发和彗尾三个组成部分，彗核由冰冻的挥发物和尘埃物质组成。当彗星接近太阳时，在太阳光和太阳风的作用下，彗核中有一部分气体和尘埃被蒸发出来成为彗发的尘埃包层，并被推向后面，形成长长的彗尾。通常情况下，彗尾在空中能绵延几千万到几亿千米。

星名片

埃德蒙多 · 哈雷
Edmond Halley

1656 年 ~ 1742 年
国籍：英国
领域：天文学、数学、地理学
成就：建立南半球第一个天文台，编制第一个南天星表。通过计算推测出一颗彗星的回归周期。
著作：《彗星天文学论说》

哈雷彗星

哈雷彗星是人类首次发现有回归现象并计算出回归周期的彗星。它76年左右回归一次，大多数人一生只能看见它一次。20世纪内，哈雷彗星有两次回归，第一次是在1910年，第二次是在1986年。哈雷彗星下一次回归大约在2061年。

1986年3月8日拍到的哈雷彗星

彗星帛画（马王堆汉墓出土）

中国古书《春秋》详细记载了公元前613年哈雷彗星的回归情况，这是世界上最早关于哈雷彗星的记载。

从彗尾观看彗星越过地月系

百武彗星

海尔－波普彗星于1995年7月23日被发现，是由美国的海尔和波普分别独立发现的。

流星

天气晴朗的夜晚，我们时常会发现一道亮光划破夜空，带着微微的余晖消失在远方，这就是流星。流星是来自行星际空间的微小固态天体，以高速进入地球大气并在夜空呈现的发光余迹现象。流星以每秒几十千米的速度掠过大气层，在地球表面之上 90 ～ 100 千米处燃烧、蒸发并辐射发光。

火流星

通过大气层的碎石和尘粒越大，流星就越亮。亮度超过金星乃至白昼可见的流星称为火流星。火流星的出现是因为它的流星体质量较大，进入地球大气后来不及在高空燃尽，而继续闯入稠密的低层大气，以极高的速度与地球大气剧烈摩擦，产生出耀眼的光亮。

火流星像一个明亮的火球从天而降。在地球的大气层中每年都会出现数万个这样的火球。燃烧未尽的实体陨落地表即为陨石。

流星从哪里来

流星来自于彗星或小行星。当彗星进入太阳系内侧以后，一路上都在不断地挥发甚至解体，在经过的轨迹上留下许多物质。同样，小行星相撞时也会产生许多碎片。这些碎屑和粉尘闯入地球大气层后，与大气摩擦燃烧而发光形成流星。流星的出现没有任何预兆，通常持续不到 1 秒。

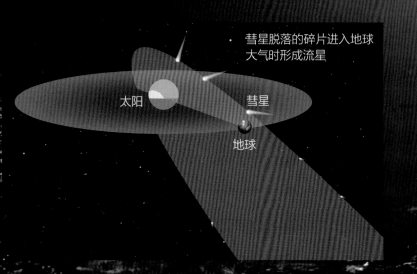

彗星脱落的碎片进入地球大气时形成流星

太阳　　彗星

地球

2013 年 2 月 15 日坠落在俄罗斯车里雅宾斯克地区的流星

英仙座流星雨

流星雨

　　流星成批出现时像下雨一样，就形成流星雨。流星成群进入地球大气，看上去好像是从同一个点发射的，这个点称为流星雨的辐射点。天文学家一般以辐射点投影到所在的星座来给流星雨命名，著名的流星雨有狮子座流星雨、天琴座流星雨等，但实际上流星雨并非来自这些星座。通常流星雨出现时，我们每小时能看到几十颗到几千颗的流星。以前还出现过每小时有几十万颗流星的现象。

狮子座流星雨被称为流星雨之王

狮子座流星雨

　　每年11月中旬，我们都可观测到狮子座流星雨。大约每33年，狮子座流星雨出现一次极盛。早在公元931年，中国五代时期就曾记录这个流星雨极盛时的情景。到了1833年的最盛期，流星像焰火一样在狮子座附近爆发，每小时达上万颗流星。

北半球常见流星雨		
名称	辐射点所在星座	极大中心日期
象限仪流星雨	牧夫座	1月1日～1月5日
天琴座流星雨	天琴座	4月19日～4月23日
英仙座流星雨	英仙座	7月17日～8月24日
天龙座流星雨	天龙座	10月6日～10月10日
猎户座流星雨	猎户座	10月15日～10月30日
金牛座流星雨	金牛座	10月25日～11月25日
狮子座流星雨	狮子座	11月14日～11月21日
双子座流星雨	双子座	12月13日～12月14日

陨石

陨石是来自太阳系空间、穿过地球大气层烧蚀残留并降落到地面的固体物质。每年至少有几千块太空岩石坠落到地球上成为陨石。除从月球取回的 382 千克岩石和土壤样品外，陨石是人类获得的来自地球之外的唯一岩石样品。陨石通常以降落地或发现地的名称命名，如陨落于准噶尔盆地的新疆铁陨石。

撞击坑

小天体高速冲进地球的大气层，压缩前端的大气，形成高温高压的冲击波撞击地面，使地面的靶岩破碎、熔融、气化和溅射，会在地面上挖掘出一个撞击坑。大部分溅射物回落在撞击坑的外围，会形成环形山形态的撞击坑。小天体在坠落的过程中会因高温高压而在高空炸裂，因此在撞击坑中难以找到小天体的残骸，撞击坑也不是陨石坠落地面形成的坑穴。目前地球上已确认的撞击坑有 180 个，分布在 33 个国家。

陨石的种类

陨石是小天体高速冲进地球的大气层经高温高压燃烧后坠落到地面的残留体。根据化学和矿物成分，可将陨石分为三大类：石陨石、铁陨石和石铁陨石。陨石有两种来源，一种是太阳星云直接凝聚形成的含有球粒的石陨石；另一种是太阳系的各类天体内部经过熔融分异形成核、幔和壳结构之后，再经历撞击破碎，幔和壳的碎块坠落到地面成为无球粒石陨石，核的碎块成为铁陨石，核和幔之间的碎块成为石铁陨石。月球岩石、火星陨石和灶神星陨石等都属于无球粒石陨石。

新疆铁陨石是降落在现今的新疆维吾尔自治区青河县的陨石，重 28 吨，是世界上第三大铁陨石。新疆铁陨石现陈列在乌鲁木齐市展览馆。

中国的"吉林 1 号"陨石重 1770 千克，是世界上最大的石陨石。吉林陨石雨的分布面积达 500 平方千米，是世界最大规模的陨石雨事件。陨石母体从西南向西北方向飞行，陨石碎块的重量由西北向西南方向依次减小。

默奇森陨石

默奇森陨石于 1969 年 9 月 28 日在澳大利亚维多利亚州的默奇森附近被发现，现存于美国华盛顿国立自然博物馆，质量超过100 千克，属于石陨石一类中的碳质球粒陨石。默奇森陨石含铁22.13%，水 12%，内部含有较多有机物，内部含有超过 100 种的氨基酸。默奇森陨石是世界上被研究最多的陨石之一。

霍巴铁陨石

霍巴铁陨石降落于非洲的纳米比亚，于 1920 年被发现并鉴定为铁陨石。其质量估计为 60 多吨，属于富镍无结构铁陨石，含有84% 的铁、16% 的镍及少量的钴。霍巴铁陨石长 2.95 米，宽 2.84米，厚 0.75 ~ 1.22 米，体形巨大，因此从未被移动过，目前仍留在坠落和发现的地点供人们参观。

默奇森陨石

霍巴铁陨石是目前已知的最大的铁陨石，重约 60 吨。

通古斯大爆炸

1908 年 6 月 30 日清晨，一个比太阳还亮的燃烧怪物拖着浓烈的烟火长尾，带着阵阵巨雷声从俄罗斯的通古斯上空呼啸而过，留下一道约 800 千米长的浓浓的光迹，消失在地平线外。伴随着一声巨响，一团蘑菇状的浓烟直冲 20 千米的高空，降下一阵由石砾和灰尘形成的黑雨。通古斯周围尘飞雾漫，灼热的气浪席卷了整个森林。超过 2150 平方千米的 6000 万棵树呈扇面形从中间向四周倒伏，1500 多头驯鹿在大火中化为灰烬；方圆 15 万千米范围内的天空布满了光华闪烁的罕见银云，每当日落后，夜空便发出万道霞光。通古斯大爆炸的起因是一颗直径 50 米的小行星或彗星高速闯入大气层，其能量是广岛原子弹爆炸的 1000 倍左右。随后出现的各种奇谈怪论，增添了通古斯大爆炸的神秘色彩，使之成为 20 世纪最大的自然之谜。

通古斯爆炸后的树林

太阳、
地球和月球

SUN, EARTH AND MOON

荷兰物理学家、天文学家惠更斯曾说："那些星球如此庞大，而我们所有的宏图、远航以及战争所发生的舞台——地球，与之相比是如此微不足道。"

从里到外看太阳

太阳是银河系内一颗普通的恒星，也是离地球最近的恒星。太阳的直径约 139 万千米，是地球直径的 100 多倍；距离地球 1.5 亿千米；质量约 2×10^{30} 千克，占整个太阳系质量的 99.86%；太阳的化学组成约 3/4 是氢元素，剩下的几乎都是氦，以及少量的碳、氖、铁和其他重元素。作为整个太阳系的中心，目前太阳的年龄约 50 亿岁，正值壮年时期。再经过约 50 亿年之后，太阳将会耗尽自身的能量，逐渐进入暮年。

星名片

太阳
Sun

质量：2×10^{30} 千克
直径：约 139 万千米
赤道自转周期：26 个地球日
极区自转周期：37 个地球日
表面温度：5500℃
中心温度：1500 万℃以上
化学组成：氢、氦、氧、碳、氮等
行星数：8

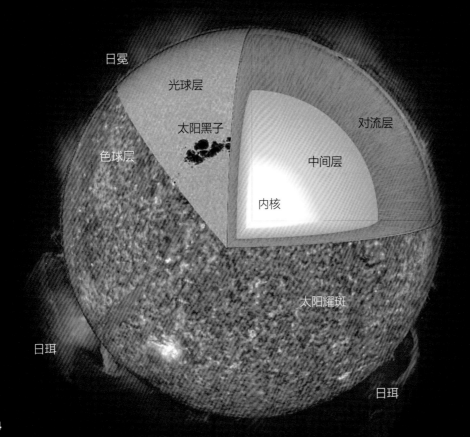

日冕

光球层

太阳黑子

色球层

对流层

中间层

内核

太阳耀斑

日珥

日珥

太阳的内部构造

我们平常看到的太阳，只是它大气的最里层，称为光球，温度约 5500℃。从光球表面到太阳中心，可分为对流层、中间层和内核三个层次。太阳大气的延伸虽然极为广阔，但其质量与太阳的总质量相比是微不足道的，所以太阳内部的质量基本上就是太阳的质量。内核中持续不断地进行着四个氢原子聚变成一个氦原子的热核反应，反应中损失的质量变成能量释放出来，其温度可达到 1500 万℃以上。

太阳的能量

太阳的能量影响着整个太阳系。但太阳内部的能量要经过非常复杂和漫长的过程，才能从太阳的核心到达太阳表面，最后变成光和热来到我们身边。能量在太阳内部传输的速度非常慢，而且不断地改变方向。天文学家估计，热核反应产生的能量从太阳中心来到光球层，得花上最少一万年甚至十几万年的时间。

太阳的形成和演化

太阳已经诞生约 50 亿年，目前正处在演化进程的中间阶段。演化途径主要取决于它的能量变化。太阳的一生大体可分为五个阶段，即主序星前收缩阶段、主序星阶段、红巨星阶段、氦燃烧阶段、白矮星阶段。太阳是一颗典型的主序星。由于太阳的氢含量高，释放能源非常稳定，太阳的状态也非常稳定。

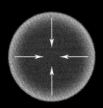

主序星前收缩
（$3×10^7$ 年）

主序星，中心氢燃烧。
（$8×10^9$ 年）

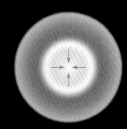

红巨星，外层氢燃烧。
（$4×10^8$ 年）

中心氦和外层氢燃烧
（$5×10^7$ 年）

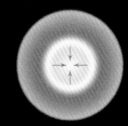

白矮星
（$5×10^9$ 年）

太阳大气

太阳本质上是一个炽热的高温气体球。太阳的大气层从里向外分为光球、色球和日冕三个层次，它们的辐射可到达地球。我们能通过各种观测仪器对这些辐射进行测量和分析，从而探明它们的结构。

光球层温度约为 5500℃

光球

我们在地球上用肉眼看到的明亮日轮就是太阳光球层，其厚度约为 500 千米，大气密度约为我们呼吸的空气密度的 1%，但它能产生远比其他气层强烈的可见光辐射。实际上太阳在可见光波段的辐射几乎全部源自光球，太阳半径也是按光球定义的。

色球

色球层位于光球层上方。从色球底至 1500 千米高度处的色球比较均匀。更高层的色球实际上是由纤维状的针状体构成，就像燃烧的草原，其高度可延伸至 7000 多千米。色球层的温度比光球层高，但发出的光非常弱，仅为光球亮度的万分之一。人们用肉眼是看不到色球的，必须用专门的色球望远镜或在日全食期间暗黑的天空背景下，才能看到红色的色球层。

日冕

色球层之上就是日冕，它是太阳的最外层大气。日冕的总厚度有几百万千米，不断地向太阳系空间抛出太阳风。日冕的温度高达百万摄氏度，但非常稀薄。它的亮度比色球更暗，我们必须用日冕仪或在日全食时才能看见它。

日食期间看到的日冕呈银白色

太阳光的颜色

太阳发出的光由红、橙、黄、绿、青、蓝、紫 7 种颜色构成。当它们都能通过地球大气层时，我们看到的太阳光就是白色的。但是，在清晨和黄昏，当斜射的阳光穿过厚厚的大气层时，只有红、橙、黄 3 种颜色的光能通过大气中的水珠和尘埃，所以这时我们看到的是红彤彤的太阳。

太阳光看似是白色的，通过分光镜分析，便会发现其实它主要由 7 种颜色组成。

红　橙　黄　绿　青　蓝　紫

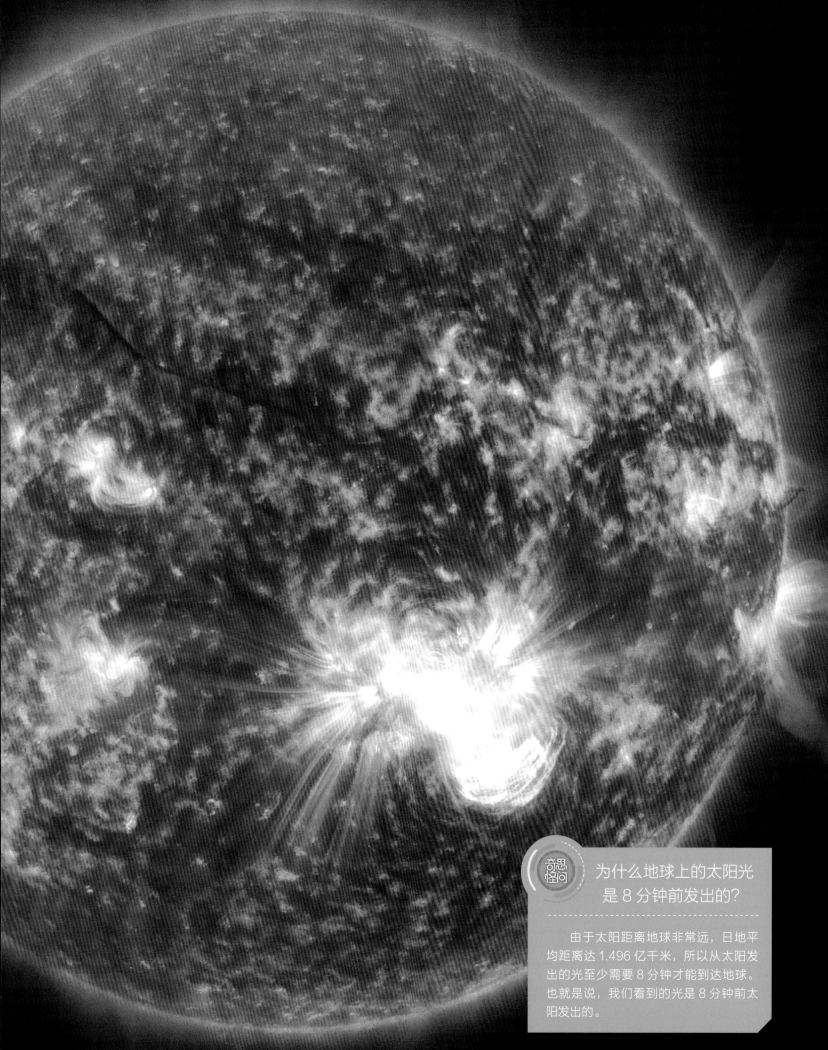

奇思怪问 为什么地球上的太阳光是 8 分钟前发出的?

由于太阳距离地球非常远,日地平均距离达 1.496 亿千米,所以从太阳发出的光至少需要 8 分钟才能到达地球。也就是说,我们看到的光是 8 分钟前太阳发出的。

太阳活动

太阳看起来很平静，实际上那里的活动剧烈而丰富。太阳活动主要有黑子、日珥、耀斑等，太阳黑子多时，其他活动也比较频繁。黑子附近的光球中总会出现光斑；黑子上空的色球中总会出现谱斑，其附近经常有日珥；黑子上空的日冕中则常出现凝块等不均匀结构。同时，最剧烈的活动现象——太阳耀斑绝大多数也发生在黑子上空的大气中。

太阳耀斑

耀斑是发生在太阳大气中的一种猛烈的"爆发"，指的是在太阳表面局部区域突然出现的大规模的能量释放过程。耀斑总是发生在色球和日冕之间的过渡区域，一般每当黑子数量特别多时，耀斑的现象也随之增多。观测表明，太阳耀斑的电磁辐射能量和粒子发射分别来自太阳大气中不同的区域。

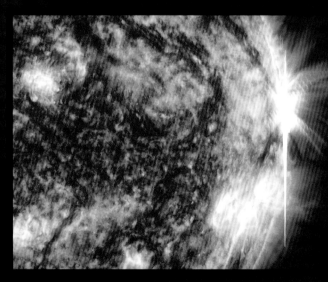

2013 年 10 月 29 日，空间望远镜拍摄到太阳上的巨型耀斑。

太阳活动会干扰手机信号吗？

太阳耀斑爆发时发射的电磁波进入地球电离层，引起电离层扰动，使得经电离层反射的短波无线电信号被部分或全部吸收，造成地球上的无线电短波通讯衰减或中断，所以太阳活动强烈时，手机信号质量有可能下降。

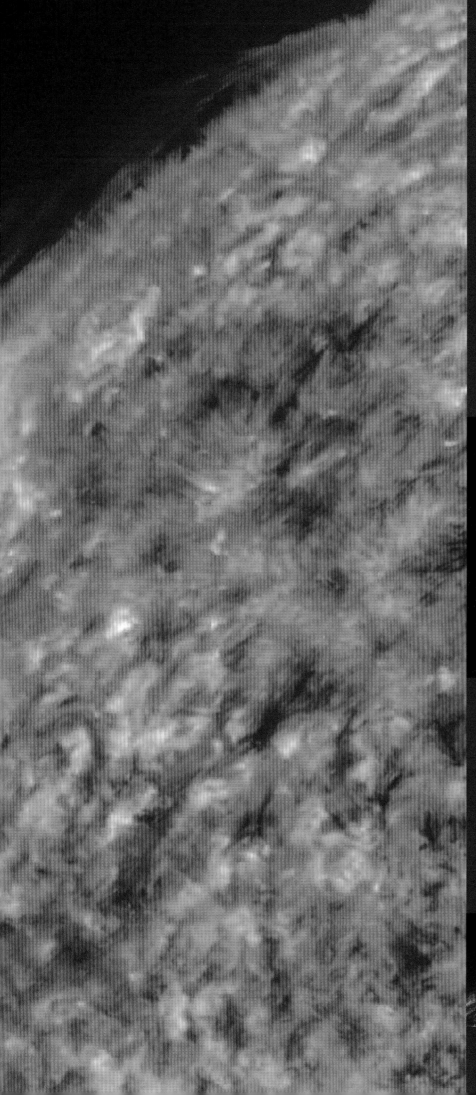

太阳磁场

遍布于太阳大气和太阳内部的磁场，其结构相当复杂。最强的磁场出现在以太阳黑子为中心的活动区中，太阳上高纬度的两极地区的磁场极性相反。太阳的绝大部分物质是高温等离子体，太阳的物态、运动和演变都与磁场密切相关。太阳黑子、耀斑、日珥等活动现象，更是直接受磁场支配。

太阳风

太阳连续不断地向空间发射粒子流，形成太阳风并穿越太阳系。太阳风是从日冕区连续向外发射的等离子体，主要是质子和电子。太阳风的动力来自太阳对流层中产生的非辐射能流，其作用与鼓风机相似。彗星在靠近太阳时，星体周围的尘埃和气体会被太阳风吹到后面去，使彗星产生"尾巴"。

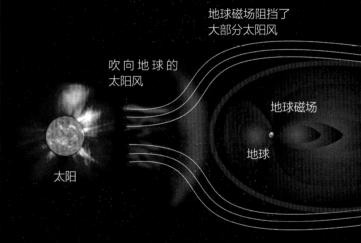

日冕物质抛射

从 20 世纪 70 年代开始，科学家通过放置在空间飞行器上的日冕仪观测发现，太阳最外层大气日冕中存在相当频繁的瞬变现象，主要是日冕物质抛射。它表现为几分钟至几小时内从太阳向外抛射物质，使很大范围的日冕受到扰动。

2000 年，太阳和日球层观测台拍摄到日冕物质抛射。巨型日冕物质被抛到了距离太阳表面 200 万千米的空间。

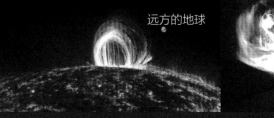

太阳黑子

太阳黑子是太阳表面出现的暗黑斑块，是最常见和最容易观测到的一种太阳活动现象。中国《汉书·五行志》中记载，成帝河平元年（公元前 28 年）三月某日"日出黄，有黑气，大如钱，居日中央"，这应是世界上最早的关于太阳黑子的记录。公元前 43 年～公元 1638 年，中国史书上已发现有 112 条太阳黑子目视记录。西方国家从 1610 年开始用望远镜断断续续地观测太阳黑子，1818 年后有较常规的每日黑子观测，从而有了比较完整而连续不断的太阳黑子观测资料。

AR12194 号太阳黑子

2014 年 10 月，太阳表面出现的 AR12192 号黑子群是 1990 年以来人类观测到的最大黑子群，其直径和木星相当，足足比地球大了约 14 倍。

在高能紫外波段，太阳表面喷发出的等离子体温度高达 60000 度。

高能紫外波段观测到猛烈喷发的环状弧同样显示，太阳表面的这些等离子体被加热到数百万度的高温。

在这些猛烈喷发出等离子体的位置，有着明显的太阳黑子存在。黑子自身具有很强的磁场，太阳表面的剧烈活动都来自这里。

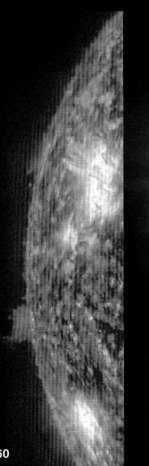

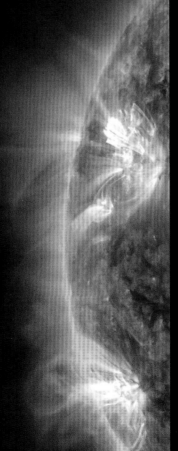

2011 年 8 月 15 日至 17 日，太阳动力学观测台拍摄了太阳表层区域的活动情况。

黑子观测

在普通望远镜的焦平面上放置照相底片拍摄太阳，或用附加强减光滤光片的望远镜对太阳目视观测，就能看到太阳表面经常出现的暗黑斑块，即太阳黑子。当太阳在地平线附近或遇到薄雾天气时，日面上如有特大的黑子，我们往往用肉眼就能看到。

AR12192 号太阳黑子

木星

地球

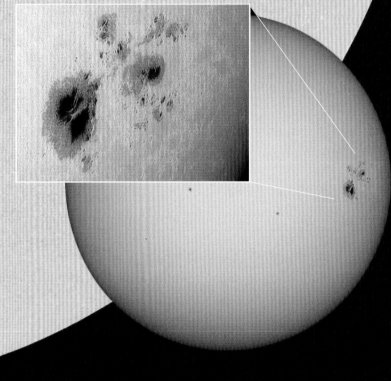

太阳黑子结构

　　黑子是太阳大气中的旋涡状气流，它挨近光球表面，有单个的和成对的，多数成群出现，称黑子群。大黑子群由数十个大小不等的黑子组成。单个黑子都有很强的磁场，黑子越大，磁场越强。较大的黑子结构复杂，其中心区常有一块或几块特别暗黑的核块，称为本影。围绕本影的淡黑区域称为半影。光谱观测表明，本影区和半影区的温度均比太阳表面无黑子区域的温度低。

蒙德蝴蝶图

　　黑子的形态不断发展，在太阳表面持续移动位置。天文学家发现，黑子在日面上的纬度位置随时间向赤道方向迁移，大约每11年太阳黑子的数目会达到一次最大值。这就是黑子的活动周期。如果以时间为横轴、以黑子纬度为纵轴作图，将会得到一串蝴蝶形的图样，称为蒙德蝴蝶图。

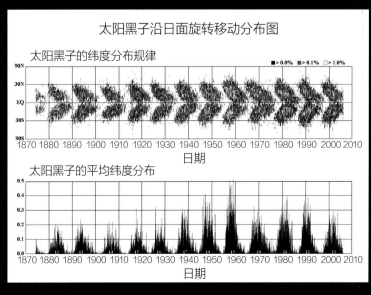

太阳黑子沿日面旋转移动分布图

太阳黑子的纬度分布规律

太阳黑子的平均纬度分布

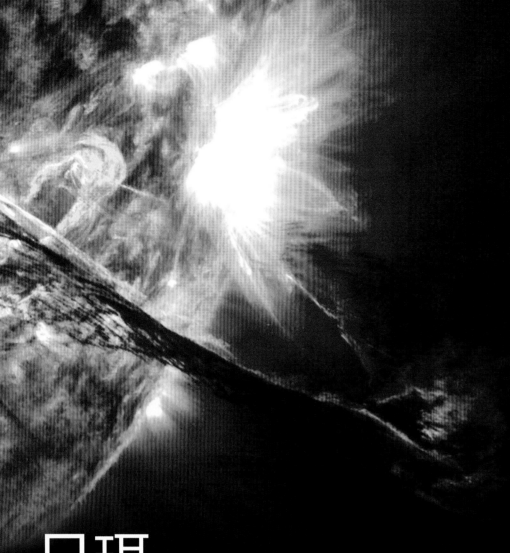

日珥

在日全食时，我们可以观测到太阳的周围"镶"着一个红色的环圈，上面跳动着鲜红的"火舌"，这种火舌状物体称为日珥。日珥的主体在日冕当中，底端与色球相连。日珥是非常奇特的太阳活动现象，其数目和面积与 11 年的太阳活动周期有关，随黑子相对数的增减而变化，其温度达 5000℃～ 8000℃。

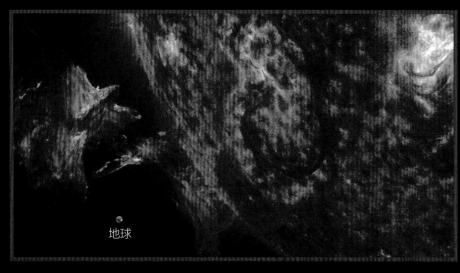

地球

为什么不能直视太阳？

我们绝对不要以裸眼直接观看太阳。因为眼睛里的晶状体如同一个放大镜，将这个"放大镜"对准太阳，会使阳光聚集在一起产生巨大的能量，将视网膜烧出一个洞或严重损毁眼后的光敏神经细胞。医学上把这种伤害称为日光性视网膜病，得了日光性视网膜疾病的病人通常只能看到比较模糊的图像，还可能会在眼睛中心区域产生一个盲点。观看日珥、日食等天象时，应佩戴日食眼镜或手持具有太阳光过滤功能的镜片，同时不能通过没有专业光线过滤功能的相机或望远镜观看太阳。

日珥的形态

按日珥的运动状态，可将其分为宁静型、活动型和爆发型。宁静型日珥形状长期稳定，观测时间内似乎是不动的。活动型日珥总在不停地变化着，它们从太阳表面喷出来，沿着弧形路线又慢慢地落回到太阳表面。爆发型日珥的高度可达几十万千米，1938 年爆发的一个最大日珥，顷刻间上升到150 多万千米的高空，而地球的直径不过 1.3 万千米。

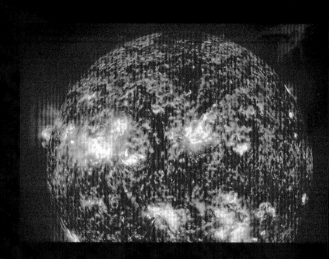

日珥观测

当发生日全食时我们可以观测到日珥，在日面边缘跳动的火舌就是日珥。那些发生在日面当中的日珥与背景为同一种颜色，因此我们看不出日珥的存在。但我们可以看见日珥在日面上的投影，那是一些暗黑的条状物，称为暗条。日珥是太阳色球层的喷发物，我们可用色球望远镜对太阳色球和日珥进行观测。科学家利用太阳探测器拍摄日珥喷发时的景象。

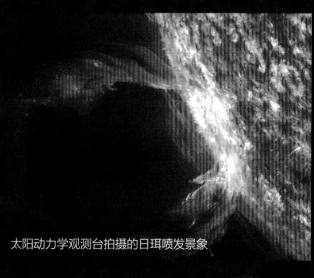

太阳动力学观测台拍摄的日珥喷发景象

我们的地球

地球诞生于约 46 亿年前，是一颗美丽的蔚蓝色的行星。地球是太阳系中的一颗行星，太阳则是银河系中 1000 多亿颗恒星中的一颗恒星，而宇宙中还有无数个和银河系类似的星系。地球平凡而渺小，只相当于宇宙中一粒微小的尘埃。地球又是如此独特而伟大，它既有奔腾的水作为"血液"，又有磁层、电离层、大气层作为"保护衣"。它不像金星、木星的生存环境那般严酷，也不像火星、月球的表面那样荒芜。它是我们的家园，是我们最亲密、最熟悉的一颗行星。

地球表面

地壳的外层就是地球的表面。地球表面由陆地和海洋组成，其中约 71% 的面积是海洋，陆地只占据约 29%。地球虽然已诞生约 46 亿年，它的表面却非常年轻。人类迄今为止发现的最古老的岩石，也只有 30 多亿年的历史，这是因为地球表面处于沧海桑田般的持续变化之中。地球内力作用形成的板块运动、大陆漂移、火山和地震活动等，以及外力作用形成的大气活动、风力、水体和冰川等，使地球表面不断被破坏和"更新"。

地球上的陆地

岛屿和大陆构成了地球上的陆地。岛屿有群岛、半岛等许多类型。大陆的地貌则更为丰富，既有陡峭的山地，也有深邃的峡谷；既有平坦的平原，也有起伏的丘陵；既有广袤的高原，也有低洼的盆地；既有水草繁茂的湿地，也有干旱苍茫的荒漠。陆地上的平原是人类文明的摇篮，如今世界上的大部分人都居住在平原上。

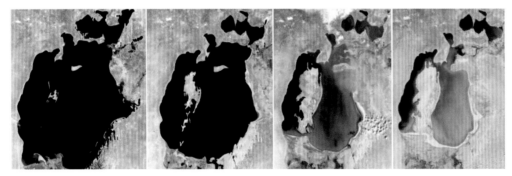

从 1973 年到 2001 年，位于哈萨克斯坦和乌兹别克斯坦交界处的咸海，由于水体干枯发生了巨大的变化。

地球上的水

浩瀚的宇宙中，地球之所以独特，是因为地球上的水。地球的蔚蓝之美，源于地球表面 71% 的浩瀚海洋；地球的生命之光，也源于地球上 13.6 亿立方千米的生命之水。地球是太阳系中唯一拥有大量液态水的星球，地球上 97.3% 的海洋水，2.14% 的冰川、冰盖水，以及 0.56% 的地下水、湖泊水、江水、河水等，共同孕育了地球上的生命，使地球成为一个生机盎然的世界。

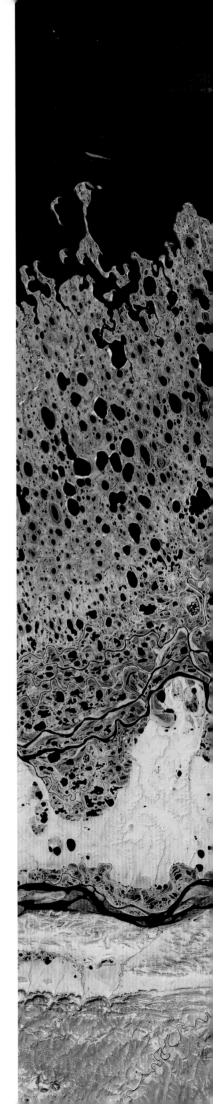

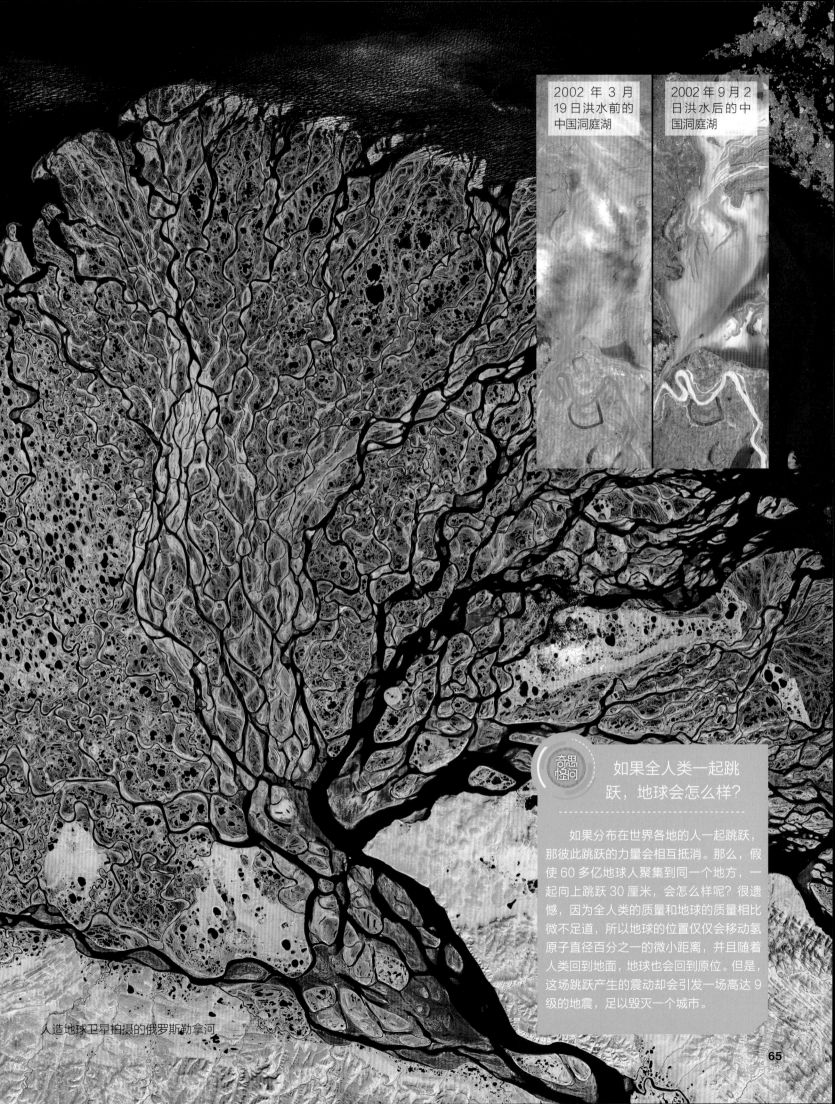

2002 年 3 月 19 日洪水前的中国洞庭湖

2002 年 9 月 2 日洪水后的中国洞庭湖

人造地球卫星拍摄的俄罗斯勒拿河

奇思怪问

如果全人类一起跳跃，地球会怎么样？

如果分布在世界各地的人一起跳跃，那彼此跳跃的力量会相互抵消。那么，假使 60 多亿地球人聚集到同一个地方，一起向上跳跃 30 厘米，会怎么样呢？很遗憾，因为全人类的质量和地球的质量相比微不足道，所以地球的位置仅仅会移动氢原子直径百分之一的微小距离，并且随着人类回到地面，地球也会回到原位。但是，这场跳跃产生的震动却会引发一场高达 9 级的地震，足以毁灭一个城市。

在太空看地球

地球表面大部分被海洋所覆盖。当阳光照射到地球上时，阳光中的蓝色光最容易被海洋中的海水所散射，所以从宇宙中看，地球是蓝色的。而包裹着地球的大气层，因为富含水汽等成分，就好像一层罩在蓝色地球外的白色薄纱。因此 1961 年，人类第一位航天员加加林进入太空，第一次用人类的双眼眺望地球时，才会发现它是一颗"身披"半透明"白纱"的蔚蓝行星。在浩瀚的宇宙中，地球极为平凡和渺小，也极为独特和美丽。

10 亿光年

在距离地球极其遥远的宇宙深处，太空星光点点。我们似乎看到了一个"星团"。

1000 万千米

再靠近一些，终于看见了，那是一颗有卫星环绕的行星。

10 亿千米

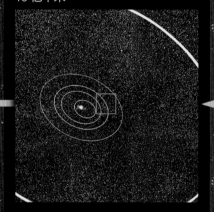

继续放大太阳系，我们看到了一条熟悉的轨道。

1000 亿千米

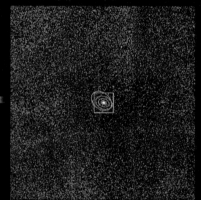

将这颗"星星"放大，原来这就是我们的太阳系。

100 万千米

不断放大镜头，我们终于隐约能看见那颗行星了。

10 万千米

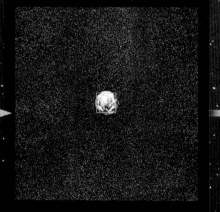

在 10 万千米外的远处，这颗行星初现"容颜"。

1 万千米

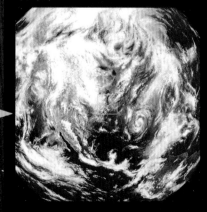

从 1 万千米外的空中看，这颗蔚蓝色的行星如此美丽。这就是我们的地球。

1000 万光年。

放大这个"星团"，我们似乎看到一颗"星星"。

100 万光年。

让我们把镜头再拉近一些，原来这不是一颗星星，而是我们的银河系。

10 万光年。

放大银河系，我们会看到白色的旋涡，那是银河系里数不清的星星和星云发出的光芒。

1 光年。

把镜头拉近到距离地球 1 光年，终于出现了一颗格外明亮的"星星"。

1000 光年。

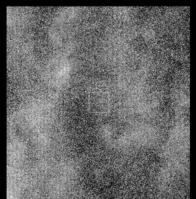

把镜头拉近到距离地球 1000 光年左右，眼前的星星还是密密麻麻的。

1 万光年。

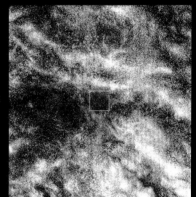

把镜头拉近到距离地球 1 万光年左右，银河系里的星星和星云看上去数不胜数。

1000 千米。

在 1000 千米的高空，我们可以看到美国密歇根湖。

100 千米。

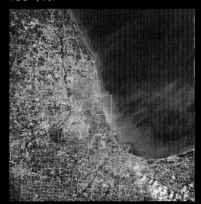

放大密歇根湖区的南侧，我们能看到芝加哥市的市区。

10 千米。

更近一些，芝加哥市区的核心地带及整个城市的结构清晰可见。

地球的内力作用

地球的内力作用包括地球内部的热流运动、板块活动与地质构造运动、岩浆作用与火山喷发、地震活动以及内生成矿作用等。地球内力作用的能量来源、能量分布、能量聚集和迁移，决定了地球内力作用的规模、位置和类型。地球内部的一部分能量，为海底扩张、板块运动和大陆漂移提供了驱动能源。在高热流区，也是各大板块的边界部位，地球内部的能量大量聚集，形成地球的火山和地震活动分布带。

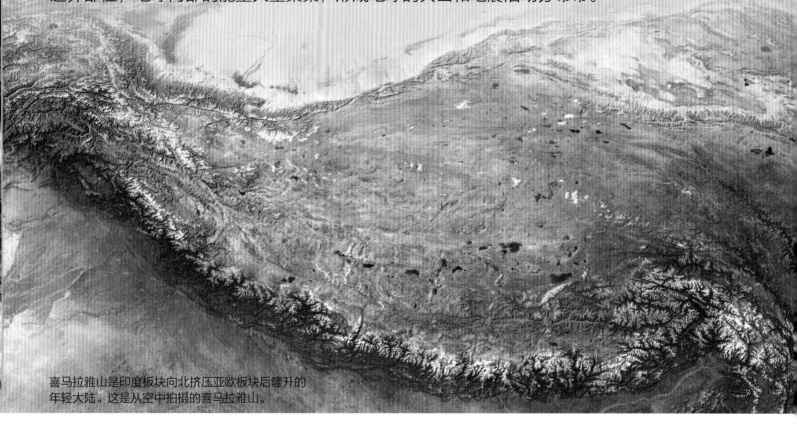

喜马拉雅山是印度板块向北挤压亚欧板块后隆升的年轻大陆。这是从空中拍摄的喜马拉雅山。

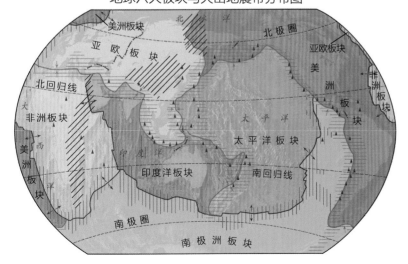

地球六大板块与火山地震带分布图

消亡边界（海沟、造山带） ⊢ 生长边界（海岭、断层）▲ 活火山

||||大洋海岭地震带 ≡ 环太平洋火山地震带、地中海——喜马拉雅地震带 ////大陆断裂地震带

板块运动

人们在高山上发现了原本生活在海洋中的生物的化石；南美洲和非洲间隔着大洋，可两大洲上却出现了相近的古生物化石。为什么会存在这些现象呢？原来，地壳是由若干个坚硬的岩石板块组成的，每个板块都会运动。板块运动时，会载着板块上的大陆一起漂移，大陆就像乘客一样"乘"在板块上行进。板块运动可以造就高山、峡谷，也常导致火山爆发、地震。

地球内部能量的来源

地球物质中放射性核素的衰变能和重核诱发裂变能转化的热能，是地球内力作用和地球演化的主要能源。短半衰期和中等半衰期放射性核素的衰变能和重核诱发裂变能对地球早期演化发挥了重要作用，长半衰期的放射性核素衰变能量主导着地球的演化历程。

地球内部能量的分布极不均衡

地球内部的能量主要提供给地球的热流活动，地球平均的热流值约为 87 毫瓦 / 平方米。从地表向深部延伸，深度每增加 33 米，地热平均增温 1 度。根据全地球热流值的测定，科学家发现高热流值分布区与地球各板块的边界区域、火山和地震带的分布相重合，是地球内部能源高度聚集的部位，地球内部的能量分布极不均衡。

内生成矿

地球内生成矿是通过深部岩浆的侵入以及后期的热液活动携带的成矿元素富集形成矿床，或岩浆与热液与这个区域围岩相互作用，使围岩中的有用元素通过物理和化学过程而富集成矿。地球的上地幔和地壳初始的物质组成具有不均一性，因此形成各种专属的成矿区和成矿带。内生矿床主要包括岩浆矿床、伟晶岩矿床、汽化热液矿床三大类。

奇思怪问

地球之水来自何方？

根据地球各类水体的氢、氧同位素组成和二氧化碳的碳、氧同位素组成的系统测定及研究，科学家已确证地球的水来自地球地幔物质的除气过程。地球内部物质熔融，通过大范围的火山喷发，熔岩流大面积覆盖地面，大量气体挥发物排出地球。地球表面的海洋、湖泊与河流等水体，由强酸性水体逐渐演化为弱酸性直至中性水体，有利于生物的栖息与进化。

伟晶岩矿床主要产在花岗岩类岩石中，矿产有锂、铍、铌、钽、长石、云母、水晶、稀土元素等。

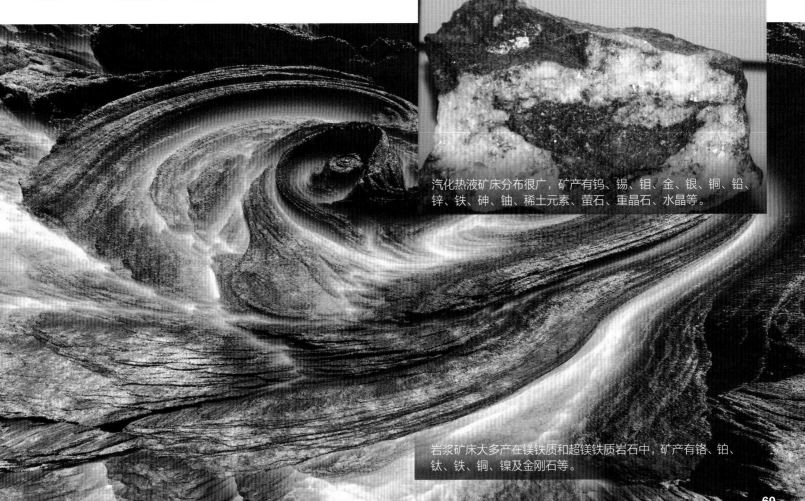

汽化热液矿床分布很广，矿产有钨、锡、钼、金、银、铜、铅、锌、铁、砷、铀、稀土元素、萤石、重晶石、水晶等。

岩浆矿床大多产在镁铁质和超镁铁质岩石中，矿产有铬、铂、钛、铁、铜、镍及金刚石等。

火山和地震

火山和地震都是自然现象。它们是地球内部能量向外剧烈释放的过程，大多数是由地球内部板块的相对运动造成的。地球上火山和地震较多的地方，大多位于板块的交界地带，如日本、智利等。在地球形成的早期，火山喷发和地震比较频繁。经过几十亿年的演变，内部能量释放逐渐趋于平静，现在陆地上还在喷发的活火山已经不多了，大地震发生的频率也大大降低了。

火山喷发

地球内部物质的不断运动，在地幔局部地区会产生岩浆，并形成岩浆囊。在一定的情况下，岩浆会侵入岩层，并沿着岩层的裂缝猛烈地喷出地面，形成火山喷发。火山喷发涌出的炽热岩浆温度高达 1200℃。地球上，正在喷发或周期性喷发的火山称为活火山；早已不再喷发，而且火山构造已经被严重破坏，只留存着很久之前喷发遗迹的火山称为死火山；暂时停止活动，但可能再次喷发的火山称为休眠火山。许多著名的火山，如日本的富士山和非洲的乞力马扎罗山等都是休眠火山。

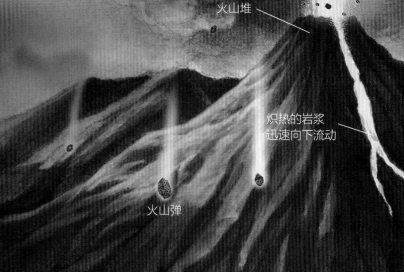

火山堆

炽热的岩浆迅速向下流动

火山弹

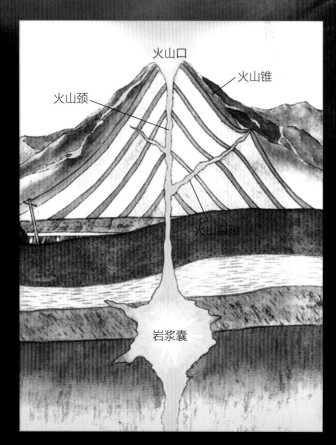

火山口

火山锥

火山颈

火山裂隙

岩浆囊

火口湖

火山喷发后，常在山顶留下一个漏斗状的深坑，称为火山口。雨雪降落在火山口里，时间久了，火山口里不断积水，就会形成一个湖泊，我们把这种湖称为火口湖。火口湖大都是圆形的，面积虽不大，往往却很深，常常因为景致壮观、瑰丽而成为旅游胜地。世界著名的火口湖有中国长白山的天池、湖光岩和日本的北藏王山火口湖等。

火山灰

向下坠落的碎屑温度很高，落地后以极快的速度滚下山去。

向上喷发的岩浆力量很大，四处寻找出路，有些岩浆会沿着火山周围的裂隙涌出。

地震

地球上板块与板块之间进行相互挤压、碰撞，当压力不断增加至足够大时，地壳就会突然发生断裂和错位，瞬间释放出巨大的能量，引起大地的强烈震动，这就是人们在地面上感受到的地震。3级以上的地震人们可以感觉到，5级以上的地震会导致树倒屋塌，更大的地震则能在几分钟内让城市变成废墟。

2008·5·12

2008年5月12日，发生在中国四川省的汶川地震，震级高达8级。

地球冰川

冰川是地球极地或高山地区沿地面运动的巨大冰体，自地球两极到赤道带的高山都有分布，覆盖了地球陆地面积的 11%，约占地球上淡水总量的 69%。按照规模和形态，冰川可分为大陆冰盖和山岳冰川。大陆冰盖包括南极冰盖和格陵兰冰盖，约占全球冰川总体积的 99%。山岳冰川主要分布在地球的高纬和中纬山地区，主要有冰帽、山谷冰川、冰原、冰斗冰川、悬冰川、山麓冰川等几种类型。

冰川的形成

冰川是由多年积累起来的地球大气固体降水在重力作用下，经过一系列变化成冰过程而形成的，主要经历粒雪化和冰川冰两个阶段。新雪降落地面后，经过一个消融季节未融化称为粒雪。在粒雪化过程中，雪变得越来越密实，经融化、再冻结、碰撞、压实而使晶体合并，数量减少而体积增大。当粒雪密度达到 0.5～0.6 克/立方厘米时，粒雪化过程变得缓慢。当密度达到 0.84 克/立方厘米时，晶粒间失去透气性和透水性，粒雪便成为冰川冰。粒雪转化成冰川冰需要数年至数千年的时间。冰川冰含气泡较多时呈乳白色，称为粒雪冰。粒雪冰进一步受压，其中的气泡被压缩，就出现浅蓝色的冰川冰。

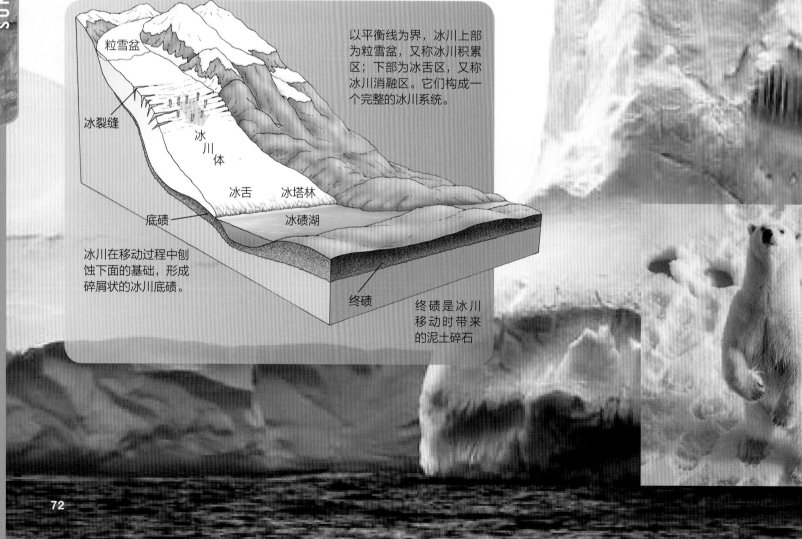

粒雪盆

以平衡线为界，冰川上部为粒雪盆，又称冰川积累区；下部为冰舌区，又称冰川消融区。它们构成一个完整的冰川系统。

冰裂缝

冰
川
体

冰舌　冰塔林

底碛

冰碛湖

冰川在移动过程中刨蚀下面的基础，形成碎屑状的冰川底碛。

终碛

终碛是冰川移动时带来的泥土碎石

冰川运动

　　冰川冰在重力作用下自源头向末端移动，一天会移动几厘米至几十厘米，有的冰川有时运动速度可达每年数千米。冰川的边缘运动速度慢，中间运动速度快，许多海洋性冰川上出现的形象非常奇特的弧形连拱，就是冰川运动时中间和两边速度不一样产生的。冰川运动包括冰川的内部流动和底部滑动，它是冰川进行侵蚀、搬运、堆积并塑造各种冰川地貌的动力。

北极冰川入海处地貌景观

南极冰盖

　　南极洲的地面几乎全被厚厚的冰雪所覆盖，由此形成地球最大的冰川——南极冰盖。3000万年前，南极大陆大部分已被冰所覆盖，约500万年前达到现在的规模。冰盖绝大部分分布于南极圈内，面积约1340万平方千米，最大厚度达4776米。南极冰盖是地球最大的固体水库，总体积2867.2万立方千米，占世界陆地冰量的90%，淡水总量的80%。南极冰盖是地球最大的冰库和冷源，对全球气候变化、海面升降和人类生活有重大影响。如果南极冰盖全部融化，全球洋面将升高约65米。

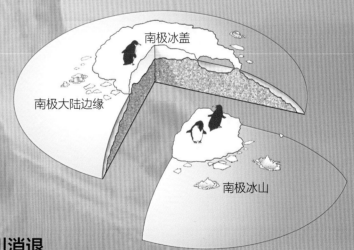

冰川消退

　　在数万年前的远古冰河时期，地球的北极处便形成了冰川，科学家研究发现，冰川在地球上至少存在了1.2万年。那些分裂的冰山在漂流过程中，其外层会不断地被海水冲刷和融化，融水对山区河川径流起调节作用，也是戈壁、荒漠、绿洲和农田灌溉的重要水源。但是，随着全球气温的不断上升，地球冰川在快速融化。监测结果表明，北极海冰减少与海洋表面变温的规模和速度在最近1500年间非常明显，北冰洋上每年约4万座冰山从格陵兰冰盖上脱落。北极气候变暖导致格陵兰冰盖和其他北极冰川崩塌和融化，北极浮冰迅速减少，尤其是人类在北极大量捕杀北极海豹，必将给北极熊带来生存危机。

地球大气

如果我们从航天飞机或人造卫星上看地球，会发现地球"披"着一件淡蓝色和白色相间的美丽"外衣"，这就是大气。大气像一个调节器，时刻调节着出入其中的辐射热量，使地球表面的温度适宜生物生存，而不像月球、火星那样昼夜温差过大。大气还像一个隐形的盾牌，为地球上的生命抵挡了来自太阳系空间小天体的撞击和有害辐射。

外层是距离地球表面 500 千米以上的大气层。外层再往上，就进入行星际空间了。这里仅有的少量空气分子常常飘出外层，"逃"向行星际空间，一去不复返，所以外层又称逃逸层。

极光

热层位于中间层的上部，温度随高度的上升而迅速上升，约 500 千米高的热层顶部气温可达 1200℃左右。

这一层能反射地面发出的无线波

流星

大气的成分

地球大气中包含氧气、氮气、二氧化碳、水汽和臭氧等多种气体，其中含量最多的是氮气。地球上的各种生物都依赖大气中的氧气生存。没有大气，就不会有包括我们人类在内的任何生命。地球大气中还有呈悬浮状态的气溶胶质粒，包括液态和固态质粒。液态质粒包括霾滴和云雾滴，固态质粒包括尘、花粉、孢子、真菌、细菌等。

无线电波

臭氧层

外层

这里的空气更加稀薄，声音不易传播，航天飞机的轰鸣声也不易被人听见。

热层

中间层

中间层是大气层中最中间的一层，这里的空气比平流层更稀薄，水汽含量极少，气温随着高度的增加而下降。

平流层

平流层在对流层的上面，最高处距离地面大约 50 千米，空气稀薄，水汽和尘埃很少，气流呈水平流动。

飞机在这里可以平稳安全地飞行

探空气球

对流层

对流层是大气层中最靠近地面的一层，厚 7 ~ 18 千米，水汽几乎全集中在这里。

大气层

地球的大气层厚约 1000 千米，分为 5 个不同的层次，从低到高依次为对流层、平流层、中间层、热层、外层。大气中的气体和水汽绝大部分集中在底部，越往高处空气越稀薄。大气不仅随地球一起转动，而且相对于地球表面有复杂多变的运动。

臭氧层

距离地球表面 15 ~ 40 千米高的大气层是臭氧层。臭氧层能有效地吸收太阳光中的紫外线，从而使地面上的生命免受紫外线的伤害。但近年来，由于人类在制造和使用空调、电冰箱的过程中，向大气中排放了大量含氟利昂的化合物，臭氧层遭到破坏。如今，南极上空的臭氧层已经出现了一个巨大的空洞。如果空洞继续扩大，进入到地面的太阳紫外线会大大增多，皮肤癌的发病率会升高，农作物的生长也会受到影响。

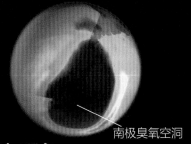

南极臭氧空洞

各种天气现象

大气中的水汽集中在大气层的对流层，大气的垂直对流运动，形成了云、雨、雪、雷暴等各种复杂的天气现象。水汽的蒸发和凝结，能吸收和放出热量，影响到大气的温度和运动变化。

地球极光

当太阳下山后，地球的夜空就像一块漆黑、深邃的幕布。在璀璨群星的装点下，这块幕布显得格外美丽壮观。广袤的天幕上，除了漫天闪烁的繁星，一闪而过的绚烂流星，还有两极地区才能看到的炫目迷人的"夜空舞纱"，这就是神奇的极光。

极光的产生

地球具有地磁场。部分太阳带电粒子沿着地磁场的磁力线进入地球磁场北极和南极的上空，同高层大气中的氧原子和氮原子碰撞，使它们获得能量并激发，且以光的形式释放，这就是极光。出现在南极的极光称为南极光，出现在北极的极光称为北极光。极光的面积非常大，能厚达几十千米、长达 1000 千米，并且绚丽夺目、不断跃动变幻，像轻柔飘舞的缤纷彩带，又像横亘天幕的万里长虹。

极光的颜色

太阳带电粒子具有不同的能量，在同大气中原子和分子作用的过程中，使得原子和分子获得不同的能量，并以不同频率光的形式释放出来，不同频率的光有不同的颜色。由于大气中主要是氧原子和氮原子，所以极光的颜色主要是红色和绿色。红色极光大多有弥漫状的光弧，通常分布在 200 ～ 400 千米的高空。绿色极光没有固定的形状，但大都有射线一样的光线，通常分布在 100 ～ 180 千米的高空。还有一种极光，其下部边缘处呈红色，这类极光下部的高度通常为 90 ～ 110 千米，有的甚至能低至 65 千米。人们看到的极光之所以有时是五彩缤纷的，是因为不同类型的极光在一起产生了混合效果。

极光的观测

　　极光出现的规律与太阳黑子数有关。太阳黑子数越多的年份，极光出现的频率也越高。观测极光需选择合适的观测地。地球南纬、北纬60°～70°的地带，有"极光带"之称，因为在这两个区域，人们观测到极光的概率非常高。越靠近赤道，人们观测到极光的概率就越低。观测时的天气也很重要，因为极光只有在晴朗无云的夜晚才能用肉眼看见。以北极光为例，每年2月、3月、10月、11月是其最佳观测季节，北美洲的阿拉斯加地区和欧洲的芬兰等地都是追寻极光的理想之地。

北极极光

南极极光

紫色极光

白绿色极光

红色极光

地球四季

地球之美，不仅在于它有广袤的雨林、辽阔的平原、蜿蜒的河流、绵延的群山、浩瀚的海洋，还在于地球上的大部分地带，一年有四季更迭，万物有枯荣变化。春、夏、秋、冬四个季节循环往复，一年又一年地组成地球的生命年轮。那么四季是怎样产生的呢？这要从地轴和地球的公转说起。

阿尔卑斯山的夏季

谷雨

立夏

小满

芒种

地球公转轨道

夏至
（6月22日前后）

小暑

大暑

立秋

处暑

白露

秋分
（9月23日前后）

地轴与地球公转

把地球的南极和北极连起来，能形成一条与赤道垂直的竖线，这条竖线被我们称为地轴。地球就是不停地绕着地轴自转的。地轴与地球的公转轨道并不是垂直的，两者之间有一个约66°的夹角。也就是说，地球总是倾斜着"身体"绕太阳公转的。

季节的形成

由于地球总是斜着"身体"绕太阳公转，所以每年6月~8月，太阳光会直射在地球的北半球，使北半球得到的热量多，温度高，形成夏季；而此时，南半球的太阳光是斜射的，得到的热量少，温度低，就会形成冬季。到了每年12月至次年2月，太阳光会直射南半球，这时南半球形成夏季，北半球形成冬季；每年3月~5月和9月~11月，太阳光直射地球的赤道附近，这时北半球和南半球得到的热量差不多，都处于全年中温度适中的季节，就会形成春季和秋季。

阿尔卑斯山的秋季

二十四节气

　　中国古代的劳动人民为了不误农时，取得好收成，根据每年气候的循环变化，创立了世界上独一无二的农事历——二十四节气。二十四节气里的每一个节气，都对应着地球在公转轨道上的一个位置。每个节气的天气特征，都与此时公转轨道上地球和太阳的相对位置有关。上半年的节气一般在每个月的 6 日、21 日，下半年的节气一般在每个月的 8 日、23 日，会有前后一两天的误差。

阿尔卑斯山的春季

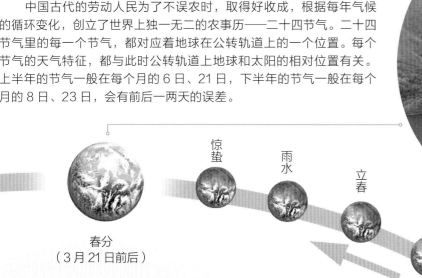

清明

春分
（3月21日前后）

惊蛰

雨水

立春

大寒

小寒

冬至
（12月22日前后）

大雪

小雪

立冬

霜降

寒露

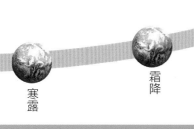

阿尔卑斯山的冬季

西方的星座与中国的节气有关系吗？

　　中国古人根据昼夜的长短、中午日影的高低等因素，把地球绕太阳公转的轨道平均分为 24 份，每隔 15° 就对应一个节气。西方的黄道十二星座则是把地球公转轨道平面与天球相交的大圆——黄道划分为 12 份。由此可见，中国的二十四节气和黄道十二星座的划分方式有不谋而合之处。

二十四节气和黄道十二星座的对应关系

节气	星座	节气	星座	节气	星座
立春	摩羯	芒种	金牛	寒露	室女
雨水	宝瓶	夏至	金牛	霜降	室女
惊蛰	宝瓶	小暑	双子	立冬	天秤
春分	双鱼	大暑	巨蟹	小雪	天秤
清明	双鱼	立秋	巨蟹	大雪	天蝎（蛇夫）
谷雨	白羊	处暑	狮子	冬至	人马
立夏	白羊	白露	狮子	小寒	人马
小满	金牛	秋分	室女	大寒	摩羯

地球生命

　　虽然浩瀚的宇宙中有不计其数的大小星球，地球却显得格外与众不同，因为它是人类已知的唯一一个有生命存在的星球。地球像一位母亲，养育了形形色色的微生物、植物、动物，孕育了一个生机勃勃的生命世界。地球生命的诞生和繁衍，离不开地球提供的绝佳条件：水、氧气、适宜的温度和屏蔽辐射的磁场。

原始的地球

　　地球刚诞生时，地球的原始大气层被强烈的太阳风所驱赶而逃逸。没有大气层的保护，地球常被小天体撞击，加之那时地壳还比较薄，所以火山喷发非常频繁。地球内部蕴藏的水分子和含水矿物在火山喷发的过程中变成水汽，飘在空中，然后通过降雨落到地面，地面上便有了积水。低洼处的积水连成一片，逐渐形成地球生命的摇篮——原始海洋。

生命的起源

　　35 亿年前形成的地球沉积岩里，已经有原始生物蓝藻和绿藻的遗迹了。虽然我们还不知道最初的地球生命是怎么出现的，但可以确定，最初的生命大约诞生在 40 亿年前。科学家推测，地球上最初的生命和病毒类似，是一种结构非常简单的单细胞生物。正是因为有了这种不起眼的小生命，大气中氧气的含量才不断增加，地球上才随之诞生了更多的生命。

从火山中喷出的气体，构成了地球最早期的火山气体大气层。

进化

　　随着原始海洋的出现、大气中氧气不断增加，地球不再仅是单细胞生物的世界。约 10 亿年前，多细胞生物诞生了；无脊椎动物随后出现；不久，有脊椎的鱼类也诞生了；接着，更高级的爬行动物和哺乳动物陆续出现。这种从简单到复杂、从低级到高级的生物发展过程就是进化。地球上丰富多样的生命，都是通过漫长而复杂的进化而出现的。进化不但创造了新的生物物种，也让各类地球生命更加适应生存环境。

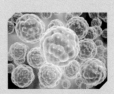

40 亿年前	35 亿年前	10 亿年前	7 亿年前
地球上最初的生命诞生	地球上已经有了蓝藻和绿藻	多细胞的生物诞生	蠕虫、水母等复杂的动物出现在原始海洋里

生物圈

　　地球上生活着 30 多万种植物、150 多万种动物，还有数量庞大的微生物。这些生物和它们生存的环境的总和，就是生物圈。生物圈由大气圈的下部、岩石圈的上部、水圈三个部分组成。生活在大气圈下部的主要是鸟类；繁衍在岩石圈上部的是绝大多数的植物、动物和微生物；栖息在水圈的则是一些水生植物、微生物，还有鱼类、两栖动物和一些哺乳动物。生物圈是地球生命的宝贵家园。人类要在地球上生存和发展，必须保护好生物圈。

物种灭绝事件

　　地球至今 46 亿年的生命历程里，有许多生物物种诞生，也有许多生物物种由于生存环境恶化等原因而灭绝。最著名的大概要数恐龙等地球上 70% 物种的灭绝事件。生活在侏罗纪和白垩纪的恐龙一度是"地球霸主"。有充分的证据证明，在大约 6500 万年前的晚白垩纪末，一颗直径约 10 千米的小行星撞击在墨西哥尤卡坦半岛的魔鬼角，在半岛的陆地和连接的海洋里，形成了直径 180 千米的希克苏鲁伯撞击坑。小天体撞击的后续效应彻底摧毁了地球表面的生态系统，导致地球 70% 的生物物种灭绝。在经历了漫长的生态修复过程后，地球才恢复了生机，新物种不断出现。

5.7 亿年前	4.9 亿年前	3.6 亿年前	1.5 亿年前
地球上出现了许多长着硬壳的无脊椎动物	有脊椎的鱼类出现	爬行动物出现	最早的哺乳动物诞生

月球

月球俗称月亮，古称太阴、玄兔、婵娟、玉盘等。月球是地球唯一的卫星，也是离地球最近的天体。关于月球的起源有几种假说，其中，大碰撞理论认为，月球是由一颗火星大小的天体与原始地球碰撞所产生的碎片逐渐形成的，这是有最多证据支持的说法之一。月球与地球一样，也具有层圈构造，从月球表面到内核，可依次分为月壳、月幔和月核。月球上没有全球性偶极磁场，没有大气，也没有液态水。月球的引力仅为地球引力的 1/6，人类到了月球上，只要轻轻一跃，就能跳起好几米高。

黑名片

月球
Moon

直径：3480 千米
距地球平均距离：38.44 万千米
表面温度：-180℃ ~ 120℃
一日时长：27.3 个地球日
一月时长：29.5 个地球日

月球的公转和自转

月球以椭圆轨道绕地球运转，其轨道平面在天球上截得的大圆被称为"白道"，月球轨道对地球轨道的平均倾角约为 5°。在围绕地球转动的同时，月球本身也在自转，它的自转周期与公转周期相同，均为 27.3 日，所以月球始终以固定的一面朝向地球。据测量，月球正以每年 3.8 厘米的速度远离地球。

月球始终以正面朝向地球

月球自转

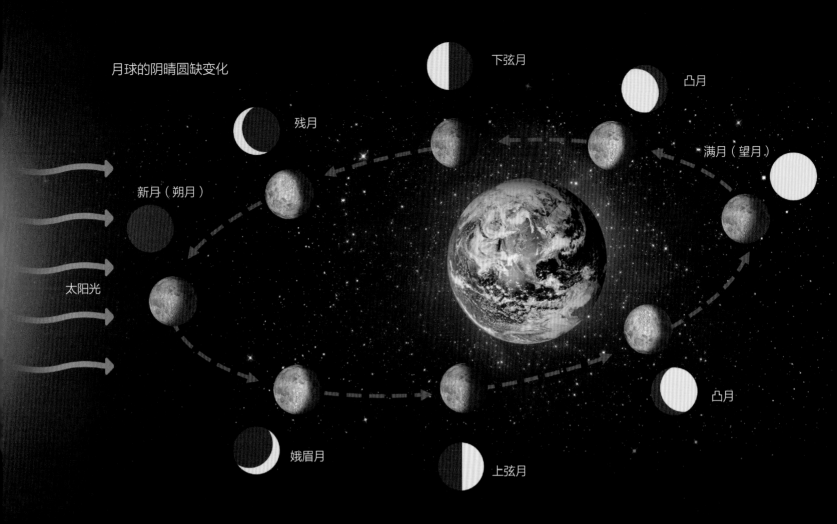

月球的阴晴圆缺变化

下弦月

凸月

残月

满月（望月）

新月（朔月）

太阳光

凸月

娥眉月

上弦月

月相

　　"人有悲欢离合，月有阴晴圆缺"，这里的"圆缺"就是指月相变化。在地球上，月球是唯一能用肉眼观察到盈亏和月相逐日变化的天体。月球本身不发光，其可见发亮部分是反射太阳光的部分。由于太阳、地球和月球之间的相对位置不断发生变化，人们在地球上会看到月球出现圆缺，即盈亏变化。月球从圆到圆或从缺到缺的更替周期是 29.5 日，称为一个朔望月，中国称之为"月"。

阴历

　　以月球的月相周期安排的历法称为阴历。阴历是中国传统历法之一，又称殷历、古历、汉历、皇历、夏历、太阴历等。从历法的发展史来看，中国、古埃及、古巴比伦、古印度、古希腊、古罗马等文明古国最初都使用阴历。月球的盈亏、朔望周期非常明显，把 29 日或 30 日计为 1 个月，把 12 个月计为 1 年，便成为这些古国最初的年历。

中国的春节、元宵节、端午节、中秋节等传统节日，都是以阴历安排的。

相逢幸遇佳時節
月下花前且把盃

冷海
危海
澄海
静海
丰富海
虹湾
雨海
风暴洋
酒海
云海
湿海

辽阔的月海

　　月球上没有液态水，月海实际上是月球表面的低洼区域或平原，反照率很小。月球表面有 22 个月海，其中有 19 个在朝向地球的半个月面上，有 3 个位于月球背面。月海的面积占月面总面积的 16%，最大的月海是风暴洋，面积约 500 万平方千米。

撞击坑

　　月球表面的撞击坑是太阳系各种天体撞击月球而成，月球背面比正面的撞击坑多。不论这些环形凹坑的宽度是多少，它们的深度都比较浅。例如，月球表面最深的加格林撞击坑直径为 300 千米，其深度却只有 6.4 千米。天文学家以世界著名的科学家和思想家的名字给月球撞击坑命名，如著名的哥白尼撞击坑、阿基米德撞击坑、牛顿撞击坑等。月球背面的撞击坑中，有 4 座分别以中国古代天文学家的名字命名：石申撞击坑、张衡撞击坑、祖冲之撞击坑、郭守敬撞击坑。还有一座被称为万户撞击坑，是为纪念传说中为尝试飞天而献身的中国明代官员万户而命名。

月球表面

　　我们仅凭肉眼就可观察到月球表面的状况。望远镜发明之后，天文学家开始绘制和拍摄月面图，按地形地貌的结构和特征分别冠以"环形山""湖""海""谷""洋""湾"等名称。随着月球探测技术的发展，最终证明月球表面没有任何液态水，月海、月湖等与水有关的名称全都名不副实。事实上，月球表面疤痕累累，有大量的撞击坑，其中直径大于 1 千米的撞击坑达 33000 多个。

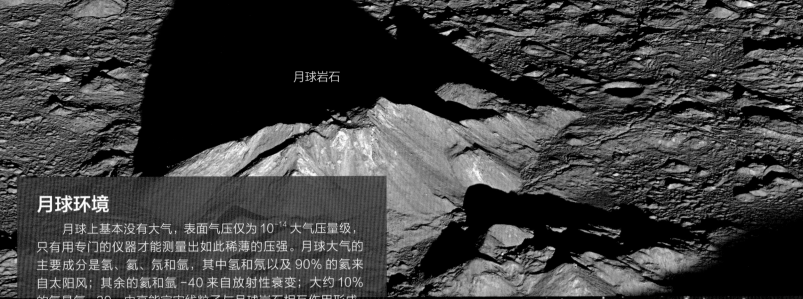
月球岩石

月球环境

    月球上基本没有大气，表面气压仅为 10^{-14} 大气压量级，只有用专门的仪器才能测量出如此稀薄的压强。月球大气的主要成分是氢、氦、氖和氩，其中氢和氖以及 90% 的氩来自太阳风；其余的氩和氩 -40 来自放射性衰变；大约 10% 的氩是氩 -39，由高能宇宙线粒子与月球岩石相互作用形成。由于没有大气层的调节作用，月球表面日夜温差很大。月球没有明显的磁场存在，但月球的岩石有极微弱的剩磁，这表明月球可能曾有过较弱的全球性偶极磁场。由于没有磁场，太阳风粒子和各种宇宙辐射粒子可直接打到月球的表面，使得月球表面具有很强的辐射。另一方面，由于太阳风可直接到达月球表面，太阳风粒子可沉积在月球表面的粉尘中。

月球的北极和南极

    月球的北极和南极大体相同，表面有许多撞击坑，一些较深的撞击坑底部终年不见阳光。探测发现，月球北极地区的 40 多个小撞击坑中含有水冰。在月球南极附近，有一个巨大而古老的南极艾特肯盆地。南极地区的温度很低，但日夜温度变化不大，这一特点说明，南极地区适合人类未来建立月球基地。

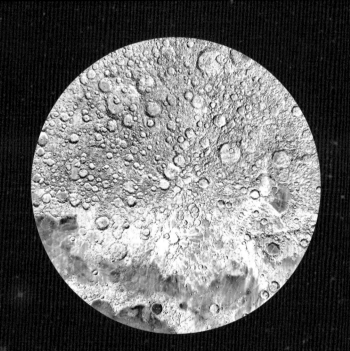
月球北极俯视图

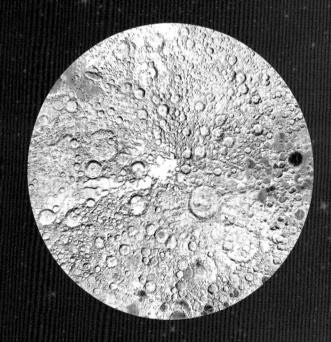
月球南极俯视图

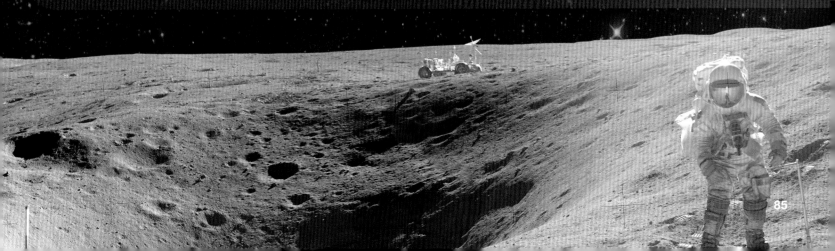

月球背面

月球始终以固定的一面朝向地球，所以我们在地球上只能看到月球正面，而永远看不到月球背面。这导致人类对月球背面的认识很少。1959年，苏联无人月球探测器"月球3号"传回月球背面第一张照片。1968年，执行美国"阿波罗8号"任务的航天员亲眼看见月球背面，这是人类首次亲眼看见月球背面。2019年，中国"嫦娥四号"探测器在月球背面着陆，开展月球背面就位探测及巡视探测，中国实现首次人类航天器月球背面软着陆及探测，并实现首次人类航天器在地月拉格朗日L2点对地对月中继通信。

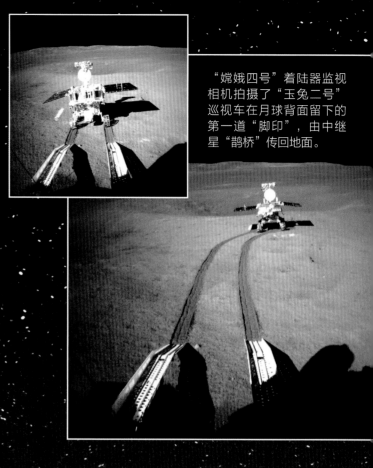

"嫦娥四号"着陆器监视相机拍摄了"玉兔二号"巡视车在月球背面留下的第一道"脚印"，由中继星"鹊桥"传回地面。

月球正面与背面的差异

月球的正面与背面差异很大。在月球正面，月海的面积接近半球面积的一半，地形比较平缓；而月球背面月海稀少，主要由月陆组成，地形高低起伏大。月球正面的岩石以月海玄武岩，富含钾、稀土和磷的克里普岩（KREEP）以及高地斜长岩组成，月球背面以古老的高地斜长岩为主。

甚低频天文观测理想之地

月球背面是甚低频天文观测的理想场所。整个地球和月球正面都受到地球电离层的严重干扰和屏蔽，接收不到波长为5～2000厘米的低频长波无线电信号，而月球背面却是最好的接收场所，这对研究来自早期宇宙和太空的信息具有重大意义。

月球正面

月球背面

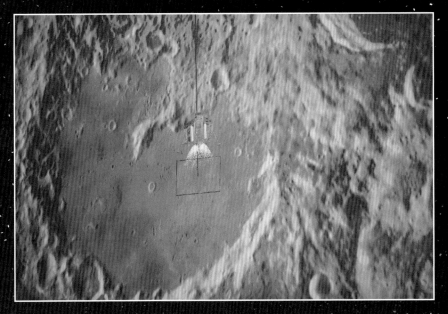

2019 年 2 月 4 日，经国际天文学联合会批准，"嫦娥四号"探测器的着陆点被命名为"天河基地"，着陆点周围呈三角形排列的三个环形坑，分别命名为"织女"、"河鼓"和"天津"；着陆点所在冯·卡门坑内的中央峰命名为"泰山"。

"嫦娥四号"探测器的中继星"鹊桥"，是第一颗连通地球和月球的中继卫星，也是第一颗在地月拉格朗日 L2 点采用晕轨道的卫星。"鹊桥"为"嫦娥四号"探测器提供了测控和中继通信，传回了宝贵的探测资料。

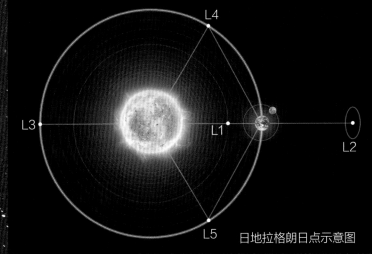

日地拉格朗日点示意图

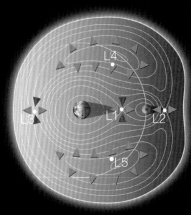

地月拉格朗日点示意图

在拉格朗日点处，小物体能够相对于两个大物体保持基本静止。这些点的存在由瑞士数学家欧拉于 1767 年推算出前三个，法国天文学家、数学家拉格朗日于 1772 年推导证明其他两个。在自然界各种运动系统中，都有拉格朗日点。

拉格朗日点

　　拉格朗日点又称平动点，在由两大天体构成的系统中，有 5 个拉格朗日点。日地拉格朗日点是指卫星在太阳、地球两大天体引力作用下能保持相对静止的点，其中 L2 点是探测器、空间望远镜定位和观测太阳系的理想位置。地月拉格朗日点是指卫星在地球、月球两大天体引力作用下能保持相对静止的点，其中 L2 点位于月球背面一侧，距离月球 6.5 万千米，在这一点处，卫星可以帮助地球与月球背面建立畅通的通信链路，便于人类探索月球背面。

月球背面有外星人吗？

　　关于月球背面的传言有很多，比如"月球的另一面永远隐藏在黑暗背后""月球背面是外星人监视地球人活动的基地"等。月球几乎永远以一面向着地球，另一面的绝大部分在地球上都看不到。但月球的另一面并非永远黑暗，当我们看到月球朝向太阳一面时，它的另一面处于黑暗中；月球的自转使月球的正面和背面交替形成白天和黑夜。实际上，由于月球正面"海洋"分布广，反光弱，月球正面的白天要比月球背面的白天暗淡。至于月球背面是否为外星人监视地球人活动的基地，现在可以明确回答：月球背面从来没有外星人。

月球的资源和能源

月球表面蕴藏有极其丰富而稳定的太阳能，以及丰富的铁、钛、稀土元素、钍、铀、氦 –3 等资源。铁和钛资源主要赋存于月海玄武岩中。克里普岩是月球三大岩石类型之一，这种岩石富含钾、稀土和磷。氦 –3 是一种洁净、高效、安全的可控核聚变发电燃料，月球土壤中含有丰富的氦 –3 资源。

月球表面的太阳能

每年到达月球范围内的太阳辐射能量约 12 万亿千瓦。在月球表面，太阳能的能量密度为 1.353 千瓦／平方米。月球的白天和黑夜都相当于 14 个地球日，可以获得极其丰富而稳定的太阳能。如果由地面遥控的机器人施工队，围绕月球 10940 千米长的赤道建一条宽 400 千米的太阳能发电带，建成后由机器人进行管理运作。这条发电带将会连续不断地产生 13 万亿千瓦太阳能。通过激光或微波传输，地球上的接收系统通过地面天线接收能束，可将其转换成电能。这种方式提供的电能可满足地球能源的永续需要。

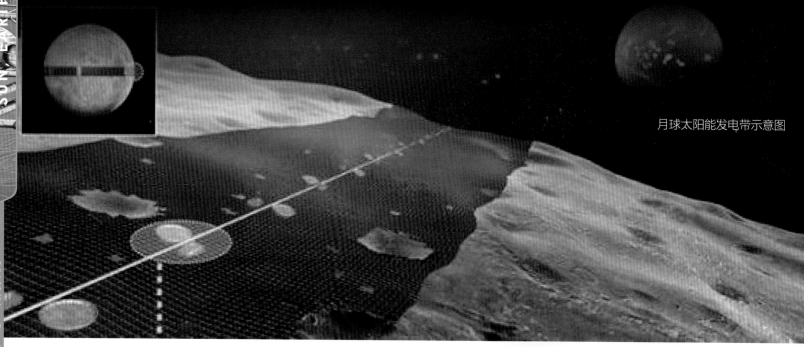

月球太阳能发电带示意图

月球土壤中的核聚变发电燃料

月球表面无大气、无磁场，太阳风在月球表面的通量非常高。太阳风携带的氦 –3 粒子长期注入月壤，月壤的微细颗粒吸附了大量氦 –3 粒子。根据"嫦娥一号"微波辐射计的探测结果，全月球土壤中氦 –3 的资源量为 103 万吨～ 129 万吨。人类社会每年需要大约 100 吨氦 –3 资源，如果氘和氦 –3 核聚变发电得以实施，月球土壤中的氦 –3 可以满足人类社会发展 1 万年的能源需求。

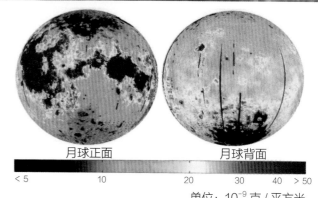

月球正面　　　　月球背面

< 5　　10　　　20　　30　　40　> 50

单位：10^{-9} 克／平方米

"嫦娥一号"绘制的全月面土壤中氦 –3 资源的含量与分布图

88

月球的矿产资源

根据"嫦娥一号"和"嫦娥二号"对月面的物质组成、矿物成分以及岩石类型的探测,月球表面蕴藏有极其丰富的矿产资源。月海玄武岩含钛铁矿可达25%(体积)。月球的钛铁矿资源量达110万亿吨～220万亿吨,二氧化钛资源量为57万亿吨～115万亿吨。月海的克里普岩富含钾、稀土元素和磷,稀土元素的资源量达225亿吨～450亿吨,金属铀矿约50亿吨。高地斜长岩富含钙、硅、铝、钠等元素。月壤中还富含各种气体,可用于维持永久性月球基地的运转。但由于月球表面环境恶劣、距离遥远,矿产资源的开发利用成本也极高,当前月球矿产资源还没有开发利用前景。

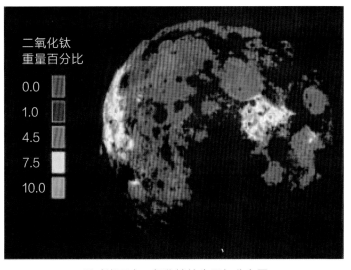

月球岩石中二氧化钛的含量与分布图

月球特殊环境的开发利用

月球具有超高真空,没有内禀偶极子磁场,地质构造稳定,重力弱,日夜温差极大,表面宇宙辐射强,环境洁净度高。月球是开展月基天文观测和监测地球环境变化的理想场所。月球表面为研制特殊的生物制品和新材料提供了特殊的环境条件,建设月球基地是开发利用月球的基础。月球将成为巨大的天然"空间站",成为深空探测的前哨阵地和转运站。

月球基地设想图

日食

月球围绕着地球旋转，地球又带着月球一起围绕着太阳旋转。当这三个天体运行到一定位置、排列成一条直线时，日食或月食就出现了。对这三个天体运行的位置进行计算，就能做出准确的预报：日食或月食发生的日期和具体时刻，日食或月食的类型，以及适合观测的位置等。

2008 年嘉峪关日全食

本影和半影

在太阳光照射下，地球和月球的身后都拖着一条影子。三种不同类型日食的发生，与月球的影子结构和日食时地球在月影中的位置有关。影子可分成两个部分：看上去特别黑的是太阳光进不去的部分，被称为本影；看上去不那么黑的是太阳光可进去的部分，被称为半影。

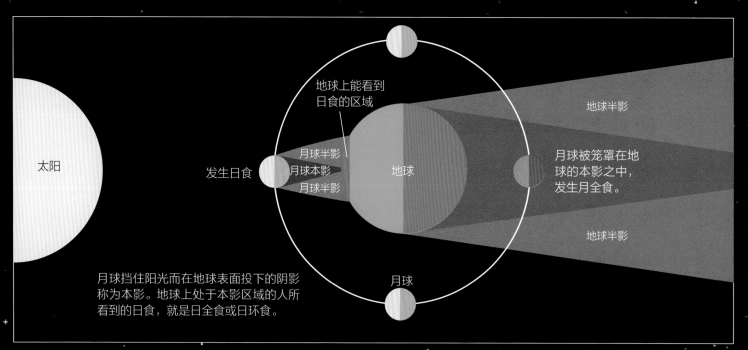

日食和月食成因示意图

2020 年 ~ 2029 年地球可见的日食

2020 年 6 月 21 日	日环食	2025 年 9 月 21 日	日偏食
2020 年 12 月 14 日	日全食	2026 年 2 月 17 日	日环食
2021 年 6 月 10 日	日环食	2026 年 8 月 12 日	日全食
2021 年 12 月 4 日	日全食	2027 年 2 月 6 日	日环食
2022 年 4 月 30 日	日偏食	2027 年 8 月 2 日	日全食
2022 年 10 月 25 日	日偏食	2028 年 1 月 26 日	日环食
2023 年 4 月 20 日	日全食	2028 年 7 月 22 日	日全食
2023 年 10 月 14 日	日环食	2029 年 1 月 14 日	日偏食
2024 年 4 月 8 日	日全食	2029 年 6 月 12 日	日偏食
2024 年 10 月 2 日	日环食	2029 年 7 月 11 日	日偏食
2025 年 3 月 29 日	日偏食	2029 年 12 月 5 日	日偏食

贝利珠现象

在日全食刚开始或即将结束的瞬间，太阳圆面被月球圆面遮蔽成一条细圆线，月球圆面边缘高低不等的山峰有可能把细线突然切断，从而形成一串光点，好像是一串珍珠高挂天空。英国天文学家贝利于 1838 年描述过这种现象，所以它被称为贝利珠现象。

日全食时的贝利珠现象

日食的种类

当月球运行到太阳和地球之间时，从地球上看，它刚好挡在太阳前面，使部分太阳或全部太阳被遮住。日食可分为日偏食、日全食和日环食三种。太阳只有一部分被遮住的日食称为日偏食；太阳完全被遮住的日食叫日全食；有时月球离地球比较远，只能挡住太阳的中间部分，让太阳看上去像个细细的圆环，这种日食称为日环食。

日偏食

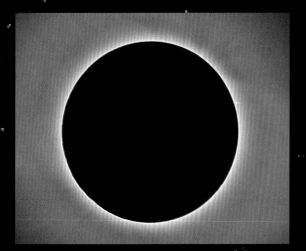

日全食

日环食

日食观测

月球自西向东运动，地面上的月影也自西向东移动。因此，西部地区的人总是比东部地区的人先看到日食。如 1999 年 8 月 11 日发生的日全食，日食观测区域从大西洋开始，经英国穿越英吉利海峡，从诺曼底登上欧洲大陆，横扫德国、奥地利、匈牙利、罗马尼亚、保加利亚等国，再经黑海进入亚洲，越过土耳其、伊拉克、伊朗、巴基斯坦和印度，最后消失在印度洋上。日食带长达 1 万多千米，但宽度仅 100 千米左右。

如果没有采取合适的眼睛防护措施，不要以肉眼直接观看日食。因为尽管绝大部分太阳被遮住了，但剩余的日冕所发出的光仍会灼伤你的眼睛。

1999 年 8 月 11 日的日全食延续时间最长的地点，是罗马尼亚的勒姆尼库沃尔恰城附近。为纪念此事，罗马尼亚发行了一张面额 2000 列伊的塑料纪念钞。

月全食和月偏食

每到农历十五或十六时，月球会运行到和太阳相对的方向。这时如果地球和月球的中心大致在同一条直线上，月球就会进入地球的本影，而产生月全食。如果只有部分月球进入地球的本影，就会产生月偏食。当月球进入地球的半影时，应该是半影食，但由于它的亮度减弱得很少，不易被察觉，所以不称为月食。

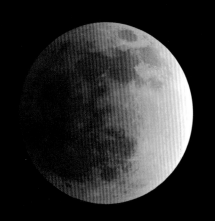

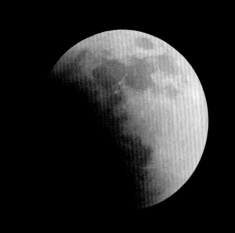

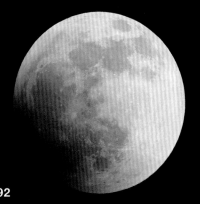

月食

月球运行到地球背向太阳一侧时，月球从地球本影中穿过，形成月食。计算结果表明，发生月食的机会比日食少，但每次月食出现时，地球上夜间半球的居民都可看到月食。因此，对任一地区来说，人们看到月食的机会反而比日食多，观看月食也比观看日食要安全得多。

2021 年～ 2029 年地球可见的月食	
2021 年 5 月 26 日	月全食
2021 年 11 月 18 日	月偏食
2022 年 5 月 15 日	月全食
2022 年 11 月 8 日	月全食
2023 年 10 月 28 日	月偏食
2024 年 9 月 17 日	月偏食
2025 年 3 月 13 日	月全食
2025 年 9 月 7 日	月全食
2026 年 3 月 3 日	月全食
2026 年 8 月 27 日	月偏食
2028 年 1 月 11 日	月偏食
2028 年 7 月 6 日	月偏食
2028 年 12 月 31 日	月全食
2029 年 6 月 25 日	月全食
2029 年 12 月 20 日	月全食

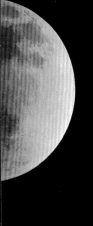

传说 16 世纪初，哥伦布航海到了南美洲的牙买加，与当地土著人发生了冲突，遭到围困。略懂天文知识的哥伦布想起这天晚上会发生月全食，就向土著人大喊："再不拿食物和水来，就不给你们月光！"到了晚上，月亮渐渐被一团黑影吞没，最后变成一个依稀可辨的古铜色圆盘。哥伦布的话应验了。土著人见状诚惶诚恐，纷纷跪拜在哥伦布面前祈求宽恕。哥伦布化险为夷。

古人观月食

古时候，人们不懂得日食和月食发生的科学道理，对日食和月食心怀恐惧。中国古人看见月食这种奇怪的现象，认为是"天狗吞月"，必须敲锣打鼓才能赶走天狗。公元前 2283 年美索不达米亚的月食记录是世界最早的月食记录，其次是公元前 1136 年中国的月食记录。月食现象一直推动着人类认识的发展。早在汉代时期，中国天文学家张衡就弄清了月食原理。公元前 4 世纪，亚里士多德发现月食时看到的地球影子是圆的，从而推断出地球为球形。

奇思怪问

为什么不是每个月都发生日食或月食？

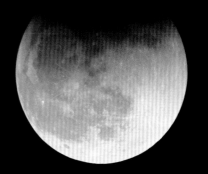

月球每个月都会运行到地球和太阳之间，或在地球背向太阳的那一边，但却不是每个月都发生日食或月食。因为月球绕地球的轨道与地球绕太阳的轨道之间，有一个约为 5° 的夹角，这样从地球上看起来，月球常常是从太阳和地影的上面或下面转过，因此就不会发生日食或月食。由于地球的影子大，遮住阳光的范围大；而月球的影子小，遮住阳光的范围小，所以，月食持续的时间一般比日食长。

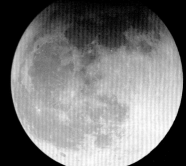

月球与潮汐

潮汐是地球海水周期性涨落现象。一般情况下，海水每天有两次涨落，即白天一次，晚上一次。为了加以区别，人们把白天海水的涨落称为"潮"，把晚上海水的涨落称为"汐"。这一潮一汐之间的时间是不变的，每日两次的涨落期共为 24 小时 50 分钟。一天是 24 小时，所以潮汐的发生时间，每天要推迟 50 分钟。这与月球的升落时间几乎相同。中国古代对海潮早就进行过细致的观测，汉代哲学家王充在他的《论衡》一书中提出"涛之起也，随月盛衰，大小满损不齐同"，指明潮汐与月相变化有关。17 世纪，牛顿用引力定律科学地说明海潮是由月球和太阳对海水的吸引所引起的。

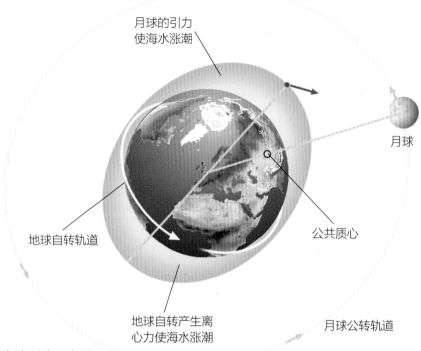

潮汐形成示意图

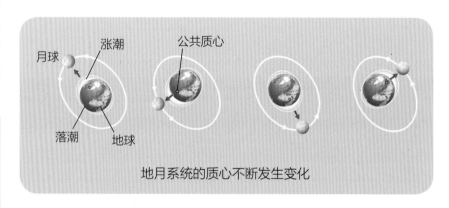

地月系统的质心不断发生变化

潮汐的形成

海洋潮汐的动力来自两个方面：太阳和月球对地球表面海水的吸引力，称为引潮力；地球自转产生的离心力。由于太阳离地球太远，日常的引潮力主要来自月球。月球不停地绕地球运转，地球某处海面距月球越近时，月球对它产生的吸引力就越大。在月球绕地球运转时，它们之间构成一个旋转系统，有一个公共旋转质心。这个质心的位置随着月球的运转和地球的自转，在地球内部不断改换，但始终偏向月球这一边。地球表面某处的海水距离这个质心远时，由于地球的转动，此处海水所产生的离心力就大。由此可知，面向月球的海水所受月球引力最大，背对月球的海水所受离心力最大。在一个昼夜之间，地球上大部分的海面有一次面向月球，有一次背向月球，因此一天会出现两次海水的涨落。

每年阴历八月十八日是钱塘江大潮最壮观的时候，这一天最高的潮头可达 9 米，气势恢宏。

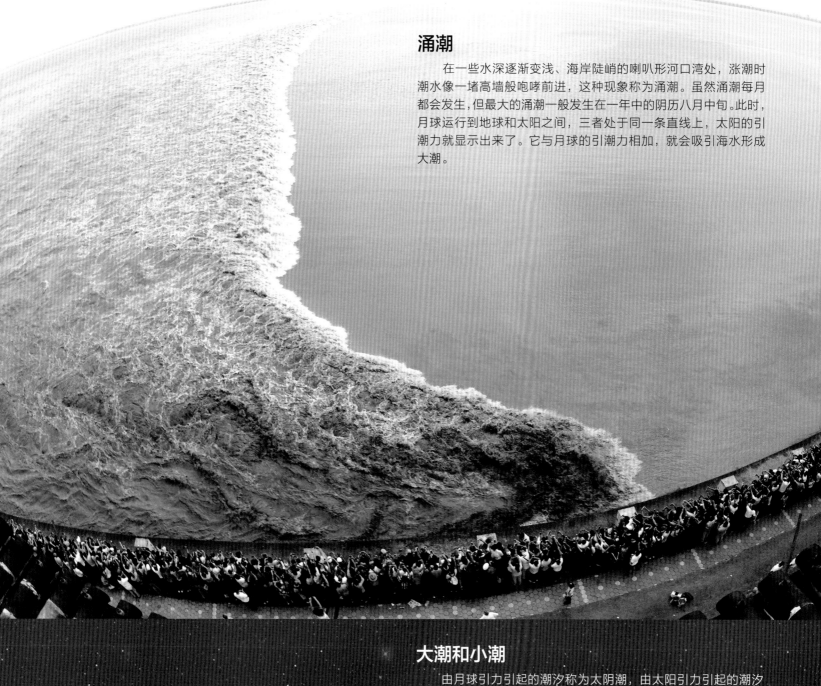

涌潮

在一些水深逐渐变浅、海岸陡峭的喇叭形河口湾处，涨潮时潮水像一堵高墙般咆哮前进，这种现象称为涌潮。虽然涌潮每月都会发生，但最大的涌潮一般发生在一年中的阴历八月中旬。此时，月球运行到地球和太阳之间，三者处于同一条直线上，太阳的引潮力就显示出来了。它与月球的引潮力相加，就会吸引海水形成大潮。

大潮和小潮

由月球引力引起的潮汐称为太阴潮，由太阳引力引起的潮汐称为太阳潮。当太阴潮和太阳潮同时发生，两者叠加就形成大潮，两者互相抵消就形成小潮。虽然太阳质量是月球质量的 2700 万倍，但月球同地球的距离只有太阳同地球的距离的 1/390，所以月球的引潮力为太阳的引潮力的 2.25 倍。太阳潮通常难以被单独观测到，它只是增强或减弱太阴潮，从而造成大潮或小潮。

地球、月球、太阳三者处于同一条直线，且月球在中间时，形成的引力潮最大。

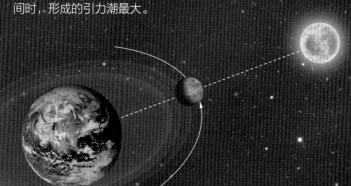

出现上弦月或下弦月时，太阳引潮力抵消了部分月球引潮力，形成的引力潮最小。

大潮和小潮示意图